T0220605

Mathe ist noch viel mehr

Paul Jainta · Lutz Andrews

Mathe ist noch viel mehr

Aufgaben und Lösungen der Fürther
Mathematik-Olympiade 1992–1999

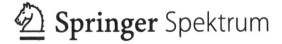 Springer Spektrum

Paul Jainta
Vorsitzender des Fördervereins
Fürther Mathematik-Olympiade e. V.
Schwabach, Deutschland

Lutz Andrews
Röthenbach a.d.Pegnitz, Deutschland

ISBN 978-3-662-60681-0   ISBN 978-3-662-60682-7   (eBook)
https://doi.org/10.1007/978-3-662-60682-7

Die Deutsche Nationalbibliothek verzeichnet diese Publikation in der Deutschen Nationalbibliografie;
detaillierte bibliografische Daten sind im Internet über http://dnb.d-nb.de abrufbar.

Planung/Lektorat: Andreas Rüdinger
Springer Spektrum ist ein Imprint der eingetragenen Gesellschaft Springer-Verlag GmbH, DE und ist
ein Teil von Springer Nature.
Die Anschrift der Gesellschaft ist: Heidelberger Platz 3, 14197 Berlin, Germany

Vorwort

„Res severa verum gaudium. – Wahre Freude ist eine ernste Sache."
(Lucius Annaeus Seneca)

Dieser Spruch begleitet das Gewandhausorchester Leipzig seit 1781. Im ersten Gewandhaus stand er an der Stirnseite des Konzertsaals, im zweiten prangte er an der Fassade über dem Haupteingang. Im heutigen Gewandhaus am Augustusplatz ist der Leitspruch am Orgelprospekt im Großen Saal angebracht.

Die Sentenz „Res severa verum gaudium" stammt aus den Briefen an Lucilius (Epistulae morales ad Lucilium), die der römische Philosoph Lucius Annaeus Seneca vor knapp 2000 Jahren verfasst hat. Der 23. Brief kreist um das Thema wahre Lebensfreude. Es heißt darin: „Ich will, dass es Dir niemals an Freude fehle. Ich will, dass sie Dir zu Hause erwachse: Sie erwächst dort, vorausgesetzt nur, dass sie in Deinem eigenen Innern erzeugt wird. Andere Formen des Frohsinns füllen das Herz nicht aus, sie glätten nur die Stirn, sind oberflächlich, es sei denn, Du glaubst, es freue sich, wer lacht: der Geist soll munter sein, zuversichtlich und über alles erhaben. Glaub mir, wahre Freude ist eine ernste Sache."

Das Gewandhaus hat in diesem Leitspruch ihm wichtige Aufgaben und Ziele zusammengefasst: „Gemeinsam vermitteln wir Musik zur Freude der Menschen. Unser aller Anspruch ist höchste Qualität, die Pflege unserer Tradition und die Verpflichtung zu Neuem …"

In gewisser Weise stehen diese Leitlinien im doppelten Sinne auch für den Wettbewerb Fürther Mathematik-Olympiade, kurz FüMO. Zum einen wollen wir gemeinsam Mathematik zur Freude junger Menschen mit höheren Ansprüchen, zur Bewahrung mathematischer Kultur und zur dauerhaften Bindung an neue Erkenntnisse in der Mathematik vermitteln.

Zum anderen ist FüMO im weiteren Sinne auch ein Kind der früheren DDR. Oder der osteuropäischen mathematischen Förderkultur im Allgemeinen, denn Mathematikwettbewerbe für Schülerinnen und Schüler und mathematische Zeitschriften für Schüler haben dort eine lange Tradition *KöMaL* (Ungarn), *Kwant* (Sowjetunion) und natürlich die *alpha* aus der ehemaligen DDR. Die Kinder wurden in Mathematikzirkeln, die es in jeder größeren Stadt gab, für die Teilnahme an diesen Wettbewerben systematisch trainiert. Hierfür gab es eine große Fülle an Mathematikaufgaben, die als Problemsammlungen herausgegeben wurden. An oberster Stelle standen dabei die Allunions-Mathematik-Olympiaden.

Die Tradition solcher Wettbewerbe reicht europaweit bis ins 19. Jahrhundert zurück. So startete im Jahr 1894 der 1. ungarische Eötvös-Kürschak-Wettbewerb. Die Initialzündung für eine Förderung mathematisch begabter Schüler in der früheren DDR war 1961 die „1. Olympiade Junger Mathematiker" (OJM), der erste ostdeutsche Schülerwettbewerb überhaupt. Seitdem gab es dort ab der 5. Klassenstufe Schul- und Kreisolympiaden, ab der 7. Bezirksolympiaden und ab der 10. DDR-Olympiaden, an der aber auch sogenannte Frühstarter aus tieferen Klassenstufen teilnehmen durften.

Zusammen mit dem „Mathematikbeschluß" (1962) begründete dieser Wettbewerb mittelfristig eine flächendeckende außerschulische Förderung begabter Schüler auf dem Gebiet der Mathematik (und der Naturwissenschaften). Am 17. Dezember 1962 hat der Ministerrat der DDR diesen „Mathematikbeschluß zur Verbesserung und weiteren Entwicklung des Mathematikunterrichts" verabschiedet, der die universellen, auch heute noch gültigen Ziele der Mathematik-Olympiade formulierte. Dieser Beschluss führte zu einer beträchtlichen Aufwertung des Mathematikunterrichts und vieler außerunterrichtlicher Beschäftigungen mit Mathematik in der gesamten DDR. Er bewirkte u. a. die Gründung von Kreisklubs und Bezirkskabinetten für Mathematik.

Die Mathematik-Olympiaden, an denen sich die Schülerinnen und Schüler freiwillig beteiligen konnten, sollten dazu beitragen, dass sie sich außerhalb des Unterrichts ein solides Wissen und Können auf dem Gebiet der Mathematik aneignen und auf diese Weise ihre Kenntnisse erweitern und dadurch zu mathematischem Denken erzogen werden. Die Teilnahme sollte allen Schülern auf diese Weise die wachsende Bedeutung der Mathematik für die weitere Gestaltung der Gesellschaft bewusst machen, Begeisterung für das Fach Mathematik wecken und vertiefen. Die Olympiaden sollten zudem mathematisch begabte Schülerinnen und Schüler identifizieren und ihnen dann eine systematische Weiterförderung ermöglichen. Auch Lehrern boten die Aufgaben Gelegenheit zur Weiterbildung.

Unterstützt wurde dieses Ansinnen fünf Jahre später durch die Gründung der mathematischen Schülerzeitschrift *alpha*. Margot Honecker, der damalige Minister für Volksbildung (!), hat in einem Vorwort die Zielsetzung dieser Heftreihe wie folgt beschrieben: „[...] Die Zeitschrift dient der Förderung der mathematisch Interessierten [...] und der Entwicklung eines breiten Interesses für die bedeutende und schöne Wissenschaft Mathematik." Weiter unten schreibt der „Minister Honecker" noch: „Möge die Zeitschrift *alpha* dem großen und schönen Ziel dienen, [...] Wissen und Können mit ganzem Herzen für die Sache des Sozialismus einzusetzen." Margot Honecker unterzeichnete diesen Gruß an die Leserinnen und Leser persönlich.

Warum nun diese Reminiszenz an die frühere DDR? Nun ja, weil FüMO indirekt dieser Zeitschrift geschuldet ist, ihren Ideen und Impulsen. Und diese Idee hat nun mehr als 27 Jahre überlebt.

Längst hat sich die „sozialistische Idee", Schülerinnen und Schülern zusätzliche Anregung und Förderung außerhalb des Unterrichts anzubieten, auch im Westen der Republik verbreitet und ist dort fest verankert. FüMO ist wie gesagt dem Vorbild in der DDR nachgebildet worden, da es im Gründungsjahr 1990/1991 für Unter- und Mittelklassen hier keinen vergleichbaren Wettbewerb gab. Der Bundeswettbewerb Mathematik hatte ja damals wie heute die Oberstufe im Visier. Nach der Wiedervereinigung Deutschlands entwickelte sich die Mathematik-Olympiade schnell zu einem bundesweiten Schülerwettbewerb.

Die Zeitschrift *alpha* ist ein besonderes Pendant zur OJM gewesen. In ihr sind Artikel zu vielen Fragen der elementaren Mathematik von führenden Mathematikern, Studenten und Lehrern der DDR und anderen sozialistischen Staaten veröffentlicht worden. Ziel war es, das Interesse ihrer Leser für Mathematik zu vertiefen und deren Leistungen weiterzuentwickeln. Neben rein mathematischen Beiträgen wurde auch Wert auf mathematische Anwendungen, Historie, Knobeleien, mathematischen Humor und vor allem auf die Mathematik Olympiaden gelegt (z. B. Allunions-Fern-Olympiade, Mathematik-Olympiaden in der CSSR oder mathematische Wettbewerbe in Schweden). Regelmäßig sind spannende Logikspiele vorgestellt worden. In jedem Heft war die Rubrik „In freien Stunden – *alpha* heiter" vertreten.

Einen besonderen Stellenwert hatte der *alpha*-Wettbewerb. Je Klassenstufe wurde eine Vielzahl von Aufgaben aus den Bereichen Mathematik, Physik, Chemie und Technik veröffentlicht. Teilnehmer konnten Aufgaben ihrer oder darüberliegender Klassenstufen lösen. Erwachsene durften nur Fragestellungen der Klassenstufe 11/12 bearbeiten.

Was vor über 50 Jahren in der Volkskammer beschlossen wurde, klingt durchaus modern und hat sich später auch im ganzen Bundesgebiet sehr bewährt: vielen Schülern die wachsende Bedeutung der Mathematik für die weitere Gestaltung der Gesellschaft bewusst machen, Begeisterung für das Fach Mathematik wecken und vertiefen. Durch Wettbewerbe sollen mathematisch begabte Schülerinnen und Schüler ermittelt werden, die dann einer systematischen Förderung unterzogen werden.

Mittlerweile ist aus dieser Idee aus den Zeiten der SED eine bunte, nahezu unüberschaubare Förderlandschaft gesprossen: diverse Schülerzirkel, unzählige Arbeitsgemeinschaften, Fördervereine für Naturwissenschaften und Mathematik, Landesverbände Mathematikwettbewerb, überregionale Projekte, z. B. Jugend trainiert Mathematik (JuMa) und natürlich eine Fülle von Olympiaden und Wettbewerben in den unterschiedlichsten Facetten (FüMO, Landeswettbewerbe, Bundeswettbewerb Mathematik, …). Auch die OJM lebt als Mathematik-Olympiade (MO) weiter. Seit 1994 ist der Mathematik-Olympiaden e. V. Träger des

Wettbewerbs, der in Kooperation mit dem Talentförderzentrum Bildung & Begabung jährlich ausgeschrieben wird. Seit 1996 nehmen alle 16 Bundesländer an der Bundesrunde teil. Die beiden Autoren sind via FüMO mit mehreren dieser Projekte verzahnt.

Wie bereits oben erwähnt, ist die Zeitschrift *alpha* einer der Geburtshelfer für FüMO gewesen. Der Autor Paul Jainta hat seinerzeit versucht, die Struktur der OJM teilweise auf die Verhältnisse in Franken und später an die schulische Landschaft in Bayern und Berlin anzupassen. Das ist nun bald drei Jahrzehnte lang gelungen. Die Fürther Mathematik-Olympiade ist inzwischen mit einigen regionalen und bundesweiten Projekten zur Förderung junger Talente ideell und auch personell vernetzt (LWMB, MOBy, MO, BWM, JuMa) – im Einklang mit den Ideen aus den 1960er-Jahren in (Ost-)Europa.

Ziel der Fürther Mathematik-Olympiade war und ist, ähnlich wie in den sozialistischen Ländern, Schülerinnen und Schüler möglichst früh für Mathematik zu begeistern und an mathematische Fragestellungen heranzuführen, deren Lösungen vor allem kreatives Denken erfordern. Dazu gehört vorrangig, seine Gedanken präzise und verständlich zu formulieren und zu Papier zu bringen.

Und der Wettbewerb soll dazu befähigen, wozu im Unterricht kaum noch Gelegenheit ist, nämlich Beweise selbst zu führen und abstraktes Denken einzuüben. Dieser früher so bedeutende Teil des Erziehungsauftrags der Mathematik ist im Lauf der Jahre durch Lehrplanreformen fast gänzlich verschüttet worden. Der Rückzug der Mathematik, vor allem der Geometrie, aus den Schulen kann bei PISA-Studien oder in mathematischen Anfängervorlesungen an deutschen Hochschulen besichtigt werden. Eine Kehrtwende ist kurzfristig nicht in Sicht bzw. nur zögerlich zu erwarten.

Das Leipziger Motto zu Beginn des Vorworts beschreibt in etwas abgewandelter Form auch unseren Wettbewerb. Aus einer zaghaften Idee ist über die Jahre eine seriöse Veranstaltung erwachsen, die inzwischen von vielen Jugendlichen, ihren Eltern, von immer mehr Lehrkräften und auch von der Öffentlichkeit wahr- und ernstgenommen wird. Die anfängliche Spielerei für wenige hat sich längst zu einer starken Offensive für das Fach Mathematik neben dem Unterricht gewandelt.

Die Durchsicht und Korrektur von Lösungen bestätigen dieses Bild: Die Begutachtung der Arbeiten erinnert oft an kleine Kunstwerke. Denn Problemlösen in der Mathematik ist viel mehr als das, was im Mathematikunterricht von der Schule vermittelt werden kann. Problemlösendes Denken ist Sport. Es bedarf dazu eines größeren Vorrats an schöpferischer Energie, an Ausdauertraining und verlangt nach Kreativität. Probleme lösen hat zu tun mit Einfalls- und Erfindungsreichtum, mit intuitivem Kombinieren und Mut zu ungewöhnlichen Ansätzen. Lösungen erfordern aber auch solide Grundkenntnisse, Wachsamkeit und nicht selten das sprichwörtliche Quäntchen Glück.

Zahlreiche Teilnehmer schätzen mathematische Aktivitäten (auch) als sportliche Betätigungen, als Denksport eben. Der Reiz liegt oftmals darin, Schwieriges zu bewältigen, und eine weitere sportliche Note kommt noch hinzu: Man befindet sich in Konkurrenz mit Wettkämpfern aus anderen Schulen.

Der Erfolg bei Problemlöseprozessen hat also etwas mit sportlichen Anreizen zu tun. Hier wie dort ist zunächst einmal der Spaß an der Sache: Man muss sich auf eine Aufgabe (Disziplin) einlassen, muss Feuer fangen, muss sich mit ihr auseinandersetzen wollen. Und dann ist da noch das Umfeld: Es muss die Gelegenheit zum Training gegeben werden, an Probleme heranzukommen. Dieses Ambiente bieten Mathestunden eher selten.

„Sag' mir, wo die Tüftler sind", titelte noch *SPIEGEL ONLINE* am 6. Juni 2006, denn Deutschlands Wirtschaft gehen langsam die Ingenieure aus. Aktuell ist die Situation nicht besser. Der Nachwuchs in den technischen Studien- und Ausbildungsrichtungen macht sich immer rarer und dies trotz bester Berufsaussichten. Umso bedeutender sind Mathematikprojekte, weil die Mathematik die Grundlage unserer gesamten (globalisierten und) technologisierten Zivilisation ist. Hier also bietet die Fürther Mathematik-Olympiade den idealen Einstieg.

Vor exakt einem Jahr ist in der Reihe Springer Spektrum unser Buch mit allen Problemen und Lösungen aus den Jahren 2012–2017 erschienen, getrennt nach Jahrgangsstufen und Lösungsstrategien. Auf der Homepage des Vereins https://www.fuemo.de/mathe-ist-noch-mehr/ ist dieser Band abgebildet.

Der vorliegende Band enthält alle Aufgaben und Lösungen aus den sieben Anfangsjahren 1992–1999, getrennt nach Jahrgangsstufen und Lösungsstrategien. Damit kehren wir nochmals zurück, sozusagen in die „Steinzeit" von FüMO, ans Gymnasium Stein b. Nürnberg. Es ging Anfang 1990 noch etwas archaischer zu, noch nicht so streng unterteilt in die vier Klassenstufen 5, 6, 7 und 8. In den ersten sechs Wettbewerbsjahren lief es ziemlich bunt durcheinander. Im Gründungsjahr boten wir Aufgaben für die Jahrgänge 7/8 und 9/10 an, ein Jahr später bereits für 5/6 bis 9/10, und schließlich kam noch die Jahrgangsstufe 11 hinzu. Die OJM in der ehemaligen DDR war hierfür ebenfalls eine Blaupause. Doch verzichteten wir auf vier Aufgabenrunden. FüMO läuft seitdem auf zwei Beinen.

Eine noch strengere Unterteilung liefert das Sachverzeichnis. Hier lassen sich Fragestellungen u. a. nach Begriffen finden (Außenwinkelsatz, binomische Formel, Kombination, Teilbarkeitsregeln und vieles mehr). Dies ermöglicht eine schnellere Orientierung, wenn ein bestimmter Aufgabentypus gesucht wird.

Am Ende jeder Aufgabe gibt es einen Hinweis darauf, wo die Lösung zu finden ist. Im Lösungsteil wird für jede Aufgabe in Klammern auf den Ursprung der Aufgabe verwiesen. So bedeutet z. B. die Ziffernfolge 070621, dass es sich um die 1. Aufgabe der 2. Runde der 6. FüMO für die 7. Klasse handelt.

Wir empfehlen ausdrücklich, mit dem Buch zu arbeiten, etwa in Arbeitsgemeinschaften, Pluskursen, Zirkeln, zur Lockerungsübung im Unterricht zwischendurch oder in der Vertretungsstunde.

Die Fürther Mathematik-Olympiade ist ein zweistufiger Hausaufgabenwettbewerb. Daher eignen sich die Fragestellungen aus dem Buch auch als Anregung für besondere Hausaufgaben und natürlich zum Selbststudium in Anlehnung an die Worte von Seneca in der Leipziger Inschrift: „Ich will, dass es Dir niemals an Freude fehle. Ich will, dass sie Dir zu Hause erwachse …"

Schwabach, 6. Dezember 2019
Paul Jainta StD i. R, Vorsitzender des Vereins FüMO e. V.
Lutz Andrews, Mitglied des Vorstandes des Vereins FüMO e. V.

Danksagung

„Gedenke der Quelle, wenn du trinkst."
(Volksweisheit)

Den beiden Gründern der Fürther Mathematik-Olympiade (FüMO), Paul Jainta und Rudolf Großmann, damalige Mathematiklehrkräfte am Gymnasium Stein b. Nürnberg, gebührt ein großer Dank für Vorbereitung, Verbreitung und weiteren Ausbau des Wettbewerbs in den ersten sieben Jahren. Sie sind die Ideengeber, Aufgaben-„ausdenker" und Organisatoren vor Ort gewesen, die FüMO zum Laufen gebracht haben.

Ein weiterer Dank gilt den Mitorganisatoren Dr. Eike Rinsdorf, Bertram Hell und Alfred Faulhaber, die in den Folgejahren zum Wettbewerb gestoßen sind.

Wir danken zudem dem damaligen Schulleiter am Gymnasium Stein, OStD Kurt Dänzer, der die beiden Wettbewerbsgründer tatkräftig dabei unterstützt hat, die Fürther Mathematik-Olympiade an den fünf Nachbargymnasien in der Stadt bzw. im Landkreis Fürth einzuführen.

In diesen Dank einschließen wollen wir auch die Schulleitungen der übrigen Stadt- und Landkreisgymnasien sowie die Lehrkräfte an den besagten Schulen, die uns in der schwierigen Startphase unterstützend begleitet haben, sowie weitere ehrenamtliche Korrektoren.

Ein ganz besonderes Dankeschön gebührt natürlich allen Teilnehmern an dieser Urform des Wettbewerbs, die sich an eine wohl für sie gänzlich neue Herausforderung gewagt haben, sowie ihren anspornenden Eltern.

Der Wettbewerb ist von Beginn an unter einer besonderen Schirmherrschaft gestanden. Als Schirmherrin der Fürther Mathematik-Olympiade konnte die frühere Fürther Landrätin Dr. Gabriele Pauli gewonnen werden. Mit ihrer Persönlichkeit, ihrem guten Namen und ihrer öffentlichen Stellungnahme hat sie nach außen das außergewöhnliche Engagement der Organisatoren des Wettbewerbs deutlich wahrnehmbar werden lassen. Wir danken ihr sehr für diesen bemerkenswerten Einsatz.

Das Start-up „FüMO" hätte ohne eine finanzielle Anfangsförderung durch Sponsoren in dieser Form sicher nicht gelingen können. Wir danken dafür den beiden Großspendern Sparkasse Fürth und uniVersa Nürnberg, in deren Räumen auch die ersten Preisverleihungen stattgefunden haben.

In den ersten Jahren sind die Preise auch aus vielen kleinen Quellen, hauptsächlich durch Sachspenden von lokalen mittelständischen Unternehmen finanziert worden. Mit der Firma Siemens Automation & Drive fand sich schließlich ein weiterer Sponsor, der die wachsende Finanzierungslücke schloss, und mit der MNU kam eine zusätzliche, helfende Dachorganisation hinzu. Dafür möchten wir uns ebenfalls sehr bedanken.

Schließlich danken wir Herrn Dr. Andreas Rüdinger und Frau Bianca Alton vom Springer-Verlag für die nachhaltige und freundliche Begleitung dieses Buchprojekts und dessen Aufnahme in das SpringerSpektrum-Programm. Ein besonderer Dank gehört dabei auch Lutz Andrews, der alle Texte, Tabellen, Verzeichnisse und Grafiken in LaTeX gesetzt hat.

Paul Jainta

Inhaltsverzeichnis

42 Winkel und Seiten 149
    42.1   L-19.1 Winkel im Quadrat (090112) 149
    42.2   L-19.2 Dreieck, Umkreis und Winkelhalbierende (090321) ... 150
    42.3   L-19-3 Gleichschenklige Dreiecke (090422). 151
    42.4   L-19.4 Noch mehr gleichschenklige Dreiecke (090513). 151
    42.5   L-19.5 Halbkreis und Kreis im Dreieck (090611). 152
    42.6   L-19.6 Schwarze Punkte, rote und grüne Strecken
            (090623). 152
    42.7   L-19.7 Dreieck und Quadrat (110623). 153

43 Flächenbetrachtungen 155
    43.1   L-20.1 Achtzackiger Stern (090122) 155
    43.2   L-20.2 Dreieck im Dreieck (090313). 156
    43.3   L-20.3 Achteck im Quadrat (090413) 157
    43.4   L-20.4 Achtecksfläche (090521) 157
    43.5   L-20.5 Vierecksflächen (090622). 158

44 Geometrische Algebra II 159
    44.1   L-21.1 Unmögliches Dreieck (090211). 159
    44.2   L-21.2 Ein rechteckiger Platz (090421). 159
    44.3   L-21.3 Mathebillard (110512) 160
    44.4   L-21.4 Spezielle Dreiecksbeziehungen (110522) 161
    44.5   L-21.5 Quadrate in der Ebene (090612) 161
    44.6   L-21.6 Im Schwimmbad (110611). 162
    44.7   L-21.7 Spiralförmige Nummerierung (110613) 163
    44.8   L-21.8 Quadrate im Gitter (09621) 163

45 Probleme aus dem Alltag 165
    45.1   L-22.1 Schatzsuche (090213) 165
    45.2   L-22.2 Kirchenkunst (090222). 166
    45.3   L-22.3 Militärkapelle (090312) 166
    45.4   L-22.4 Paul und Paula (090323) 166
    45.5   L-22.5 Pizzawerbung (110523) 167

46 ... wieder was ganz anderes 169
    46.1   L-23.1 Abwägen (090113). 169
    46.2   L-23.2 Wechselkurse (090322) 169
    46.3   L-23.3 Zahlen und Ziffern (090412) 170
    46.4   L-23.4 Exlibris (090423). 170
    46.5   L-23.5 Bunte Frösche (110511). 171

Aufgaben geordnet nach Lösungsstrategien 173

Stichwortverzeichnis 175

Teil I
Aufgaben der 5. und 6. Jahrgangsstufe

Kapitel 1
Zahlenquadrate und Verwandte

1.1 Magisches Produkt

Im linken magischen Quadrat (Abb. 1.1) beträgt das Produkt der drei Zahlen in jeder Zeile und jeder Spalte stets 270. Durch Umstellen der Zahlen erhalten wir das rechte Quadrat mit der gleichen Eigenschaft.

a) Wie viele Quadrate mit dieser Eigenschaft können wir durch Umstellen der Zahlen insgesamt bilden? Zähle die beiden Beispiele mit.
b) Erfinde selbst ein magisches Quadrat aus neun verschiedenen Zahlen, bei dem das Produkt der drei Zahlen aus jeder Zeile und jeder Spalte dieselbe Zahl ergibt, jedoch nicht 270.

(Lösung Abschn. 24.1)

Abb. 1.1 Magisches Produkt

2	9	15
5	3	18
27	10	1

9	15	2
10	1	27
3	18	5

© Springer-Verlag GmbH Deutschland, ein Teil von Springer Nature 2020
P. Jainta und L. Andrews, *Mathe ist noch viel mehr,*
https://doi.org/10.1007/978-3-662-60682-7_1

1.2 Quadratelei

In dem 3×3-Quadratgitter (Abb. 1.2) lassen sich insgesamt 14 Quadrate verschiedener Größe aufspüren, wenn man alle Quadrate betrachtet, die sich längs der Linien zeichnen lassen.
Wie viele solcher Quadrate findet man in einem 8×8-Quadratgitter?
Die Antwort ist herzuleiten und zu begründen.
(Lösung Abschn. 24.2)

Abb. 1.2 Quadratelei

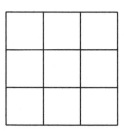

1.3 6 aus 25

In einem 5×5-Quadrat (Abb. 1.3) sind sechs Zahlen so anzukreuzen, dass danach in jeder (waagerechten) Zeile und in jeder (senkrechten) Spalte des Quadrats eine gerade Anzahl von Zahlen angekreuzt sind. *Hinweis:* Null ist eine gerade Zahl.

Von 2400 möglichen Lösungen gibt es 48 Lösungen, bei denen drei aufeinanderfolgende Zahlen angekreuzt sind. Gib eine solche Lösung (mit Überprüfung) an! Untersuche, ob es Lösungen gibt, wenn man nur gerade Zahlen oder nur ungerade Zahlen ankreuzen darf. Falls es Lösungen gibt, sind alle Lösungen zu bestimmen; falls es keine Lösung gibt, ist dies zu begründen.
(Lösung Abschn. 24.3)

Abb. 1.3 6 aus 25

1	2	3	4	5
6	7	8	9	10
11	12	13	14	15
16	17	18	19	20
21	22	23	24	25

Kapitel 2
Alles mit und um Zahlen

2.1 1617 als Produkt

Gesucht ist die Summe aller vierstelligen Zahlen, bei denen das Produkt aus der Zahl, die aus den ersten beiden Ziffern gebildet wird, und der Zahl, die aus den letzten beiden Ziffern gebildet wird, 1617 ergibt.

(Lösung Abschn. 25.1)

2.2 Tiefer gelegt

Es sei a_n die Kurzschreibweise für den Ziffernblock

$$\underbrace{aaa\ldots a}_{n \text{ Ziffern } a}.$$

So erhalten wir z. B. $4_3 9_5 8_2 3_6 = 4\,449\,999\,988\,333\,333$.

Finde natürliche Zahlen w, x, y und z so, dass die folgende Gleichung gilt:

$$2_w 3_x 5_y + 3_y 5_w 2_x = 5_3 7_2 8_z 5_1 7_3$$

(Lösung Abschn. 25.2)

2.3 Spiegelzahlen

Eine natürliche Zahl heißt *Spiegelzahl,* wenn sie von vorn und hinten gelesen dieselbe Zahl ergibt. *Beispiele:* 13 731, 2 552, 744 939 447.

© Springer-Verlag GmbH Deutschland, ein Teil von Springer Nature 2020
P. Jainta und L. Andrews, *Mathe ist noch viel mehr,*
https://doi.org/10.1007/978-3-662-60682-7_2

Wie viele dreistellige und wie viele vierstellige Spiegelzahlen gibt es? Bestimme die Summe aller dreistelligen und die Summe aller vierstelligen Spiegelzahlen. Der Rechenweg ist anzugeben.

(Lösung Abschn. 25.3)

2.4   Zahl aus Resten

Gesucht ist eine natürliche Zahl. Teilt man 320 durch diese Zahl, bleibt ein Rest von 5. Teilt man 350 durch diese Zahl, bleibt ein Rest von 14. Wie lautet diese Zahl? Wie hast du sie gefunden?

(Lösung Abschn. 25.4)

2.5   Eine besondere Zahl

Gesucht ist eine zehnstellige Zahl, in der die Einerstelle angibt, wie viele Neunen die Zahl enthält, die Zehnerstelle wie viele Achten, die Hunderterstelle, wie viele Siebenen usw.

(Lösung Abschn. 25.5)

2.6   Alles quer

Unter der Quersumme einer Zahl versteht man die Summe, unter dem Querprodukt einer Zahl das Produkt ihrer Ziffern.

Bestimme alle natürlichen Zahlen mit Quersumme 12 und Querprodukt 14 die außerdem noch durch 16 teilbar sind. *Beispiel:* Die Zahl 126 hat die Quersumme $1 + 2 + 6 = 9$ und das Querprodukt $1 \cdot 2 \cdot 6 = 12$.

(Lösung Abschn. 25.6)

2.7   Zahlenhacken

Zerlege die Zahl 279 so in neun Summanden, dass gilt:

1. Alle Summanden sind natürliche Zahlen.
2. Der Größe nach geordnet unterscheiden sie sich immer um die gleiche Zahl.

Bestimme alle möglichen Zerlegungen und begründe, warum es außer den von dir genannten keine weiteren Zerlegungen mit den beiden Eigenschaften geben kann.

(Lösung Abschn. 25.7)

2.8   Eine große Zahl

Füge die Zahlen 1, 2, 3, ... , 100 zu einer einzigen Zahl wie folgt zusammen:

$$12345678910111213\ldots9899100$$

Streiche nun 100 Ziffern so, dass die verbleibende Zahl möglichst groß wird. Aus wie vielen Ziffern besteht diese Zahl? Schreibe sie auf.
(Lösung Abschn. 25.8)

2.9   Einerziffer

Für eine natürliche Zahl n gilt:

$$n = 2^{1998} + 3^{1998} + 5^{1998}$$

Bestimme die Einerziffer der Zahl n im Dezimalsystem und gib deine Überlegungen dazu an.
(Lösung Abschn. 25.9)

2.10   Eine Milliarde

Untersuche, ob man die Zahl 1 000 000 000 in ein Produkt aus zwei natürlichen Zahlen zerlegen kann, die im Dezimalsystem an der Einerziffer keine Null stehen haben.
(Lösung Abschn. 25.10)

2.11   Halbe Quersumme

Britta möchte wissen, wie viele vierstellige Zahlen es gibt, bei denen die Summe der ersten beiden Ziffern gleich der letzten Ziffer ist.

Verrate Britta, wie viele es sind und begründe dein Ergebnis, ohne jede mögliche Zahl einzeln hinzuschreiben.
(Lösung Abschn. 25.11)

2.12   Null bis Neun gleich Hundert

Anja wird die Aufgabe gestellt, zwischen allen Zahlen auf der linken Seite der folgenden Gleichung die Rechenzeichen $+$, $-$, $\cdot$ und $\div$ so zu setzen, dass die Gleichung richtig wird: $0\ 1\ 2\ 3\ 4\ 5\ 6\ 7\ 8\ 9 = 100$.

Klammern können dabei, soweit notwendig, beliebig gesetzt werden. Als Zwischenergebnisse dürfen nur natürliche Zahlen oder die Null vorkommen. Für jedes verwendete Pluszeichen gibt es einen Punkt, für jedes Multiplikationszeichen zwei, für jedes Minuszeichen drei und für jedes Divisionszeichen vier Punkte.

Anja findet eine Lösung mit 14 Punkten. Wie könnte ihre Lösung ausgesehen haben? Kannst du auch eine Lösung mit nur zehn Punkten angeben? Bestimme nun eine Lösung mit einer möglichst hohen Punktzahl!
   (Lösung Abschn. 25.12)

Kapitel 3
Kombinieren und geschicktes Zählen

3.1 Mannschaftstrikots

An einem Sportwettkampf wollen zehn Mannschaften teilnehmen. Sie sollen so mit einfarbigen Turnhemden und Turnhosen ausgestattet werden, dass sie an den damit erreichbaren Farbkombinationen voneinander zu unterscheiden sind.

a) Welches ist die kleinste Anzahl von Farben, mit der das zu erreichen ist?
b) Wie lautet die Antwort, wenn zusätzlich verlangt wird, dass bei jeder Mannschaft Turnhemd und Turnhose verschiedene Farben haben sollen?

(Lösung Abschn. 26.1)

3.2 Lettern

Eine Buchdruckerei hat zum Druck der Ziffern 0, 1, 2, . . . , 9 die Lettern der folgenden Stückzahlen zur Verfügung:

Ziffer	0	1	2	3	4	5	6	7	8	9
Stückzahl	350	340	320	340	360	310	300	320	320	340

Unter Verwendung nur dieser Lettern sollen die Seitenzahlen von 1 bis 1020 eines Buches gedruckt werden. Reichen hierfür die Lettern aus?
(Lösung Abschn. 26.2)

© Springer-Verlag GmbH Deutschland, ein Teil von Springer Nature 2020
P. Jainta und L. Andrews, *Mathe ist noch viel mehr,*
https://doi.org/10.1007/978-3-662-60682-7_3

3.3   Seitenzahlen

Die Seiten eines dicken Buches werden fortlaufend, beginnend mit Seite 1, durchnummeriert. Dabei werden 6 877 Ziffern benötigt.

Wie viele Seiten hat das Buch?
(Lösung Abschn. 26.3)

3.4   Dicke Schinken

Ein Buch hat 1 998 Seiten. Wie viele Ziffern benötigt man insgesamt zum fortlau-
fenden Nummerieren aller Seiten? Wie viele Seiten hat ein zweites Buch, für dessen
Seiten man genau 1 998 Ziffern benötigt?
(Lösung Abschn. 26.4)

3.5   Handschuhe im Dunkel

Mr. Glovemaker steht vor einem Wäschekorb, in dem sich — völlig ungeordnet — 16
Paar weiße und 16 Paar schwarze Handschuhe befinden. Es ist vollkommen dunkel,
Mr. Glovemaker kann aber durch Befühlen eines Handschuhs erkennen, ob es sich
um einen linken oder rechten Handschuh handelt. Mr. Glovemaker benötigt dringend
ein Paar passende Handschuhe.

Wie viele Handschuhe muss Mr. Glovemaker bei richtiger Auswahl mindestens mit-
nehmen, damit sich darunter mit Sicherheit mindestens ein Paar einfarbige Handschuhe befindet? Die Antwort ist vollständig zu begründen.
(Lösung Abschn. 26.5)

3.6   Mathekaro

Wie oft ist in Abb. 3.1 das Wort „MATHE" zu lesen, wenn man von der Mitte über
benachbarte Felder zum Rand geht? Es sind auch verwinkelte Wege möglich.
(Lösung Abschn. 26.6)

Abb. 3.1 Mathekaro

Kapitel 4
Was zum Tüfteln

4.1 Buntes Muster

Kann man die Felder in Abb. 4.1 so mit den Farben Blau, Rot und Gelb einfärben, dass jede Farbe eine gleich große Gesamtfläche bedeckt wie jede andere Farbe und dass niemals zwei Farben längs einer Strecke zusammenstoßen? Wenn dies möglich ist, stelle eine solche Färbung her!

(Lösung Abschn. 27.1)

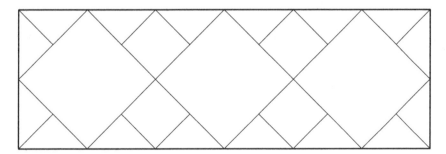

Abb. 4.1 Buntes Muster

4.2 Kryptogramme

a) Gib eine Lösung des folgenden Kryptogramms an.

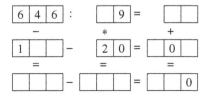

© Springer-Verlag GmbH Deutschland, ein Teil von Springer Nature 2020
P. Jainta und L. Andrews, *Mathe ist noch viel mehr,*
https://doi.org/10.1007/978-3-662-60682-7_4

b) Gib alle Lösungen des folgenden Kryptogramms an und weise nach, dass keine
   weiteren Lösungen existieren!

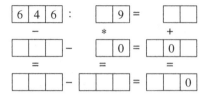

Hinweis: Ein Kryptogramm lösen heißt, die leeren Felder so mit Ziffern zu füllen,
dass jede der angegebenen Rechenaufgaben richtig gelöst ist. Dabei darf die erste
Ziffer einer Zahl nie Null sein.
(Lösung Abschn. 27.2)

4.3 Sanduhren

Bei Einführung der Nahbereiche beim Telefonieren kamen Sanduhren in Mode, die
auf den Zeittakt von 8 min geeicht sind. Herr Geizhals scheute diese Ausgabe für
eine neue Sanduhr, zumal er noch zwei alte besaß, von denen eine genau 7 min, die
andere genau 3 min läuft. Leider waren die Markierungen für kleinere Zeitabschnitte
auf den Uhren schon völlig unsichtbar.

Konnte Herr Geizhals trotzdem mit Hilfe der beiden Uhren (ohne Anbringen von
Markierungen) die Zeiträume 8 min, 16 min, 24 min usw. messen?

Bemerkung: Die Zeit für das Wenden bleibt unberücksichtigt.
(Lösung Abschn. 27.3)

4.4 Streichhölzerrechteck

Iris legt mit 31 Streichhölzern ein Rechteck aus lauter Quadraten (Abb. 4.2).

a) Anja darf nun so lange Streichhölzer wegnehmen, wie diese hintereinander liegen
   (gerade oder auch um die Ecke). Anja möchte möglichst viele Hölzchen bekommen. Zeige Anja durch geeignetes Nummerieren, welche Hölzchen sie der Reihe
   nach wegnehmen könnte!
b) Nun spielt Anja gegen Iris. Abwechselnd darf jede so viele Hölzchen wegnehmen,
   wie sie möchte, solange diese hintereinander liegen. Diejenige verliert, die das
   letzte Hölzchen nehmen muss. Wie kann Anja gewinnen, wenn sie anfangen darf?

(Lösung Abschn. 27.4)

Abb. 4.2 Streichhölzerrechteck

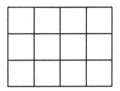

4.5 Münzpaare

Franz soll aus acht nebeneinanderliegenden Münzen in vier Zügen vier Paare von je zwei aufeinanderliegenden Münzen herstellen.

Ein Zug besteht darin, eine ausgewählte Münze so auf eine zweite Münze zu legen, dass die ausgewählte Münze dabei genau zwei andere Münzen (zwei einzelne oder ein Paar) überspringt. Gib Franz einen möglichen Lösungsweg an. Nachdem Franz eine Lösung für acht Münzen kennt, soll er aus 1998 nebeneinanderliegenden Münzen in der oben beschriebenen Weise 999 Paare bilden.

Beschreibe ein einfaches Verfahren, wie Franz dabei vorgehen könnte.
(Lösung Abschn. 27.5)

4.6 Streichhölzerquadrate

Carla möchte mit Streichhölzern von 5 cm Länge eine quadratische Fläche von 1 m Seitenlänge in gleich große, von vier Streichhölzern begrenzte Quadrate aufteilen.

Wie viele Streichhölzer benötigt Carla dazu?
Nachdem Carla das gewünschte Muster ausgelegt hat, entfernt sie 121 Streichhölzer, und zwar so, dass möglichst viele der ausgelegten Quadrate vollständig erhalten bleiben.

Wo könnte Carla diese Streichhölzer weggenommen haben, und wie viele der Quadrate bleiben vollständig?
(Lösung Abschn. 27.6)

Kapitel 5
Logisches und Spiele

5.1 Das Geheimnis der Schwestern

Herbert soll eine einstellige natürliche Zahl bestimmen. Seine beiden Schwestern Susanne und Sabine treffen jeweils über diese Zahl zwei Aussagen, von denen eine falsch und eine wahr ist.

Susanne sagt:

1. Die gesuchte Zahl ist nicht kleiner als 5.
2. Die gesuchte Zahl ist nicht durch 4 teilbar.

Sabine sagt:

1. Die gesuchte Zahl ist größer als 8.
2. Die gesuchte Zahl ist Nachfolger von 7.

Wie heißt die gesuchte Zahl?
    (Lösung Abschn. 28.1)

5.2 Mädchen aus der Nachbarschaft

Anke, Beate, Clara und Doris wohnen alle in derselben Straße, aber in verschiedenen Häusern mit den Nummern 23, 24, 26 und 27. Anlässlich eines Straßenfestes wurden drei Fotos gemacht:

1. Auf dem ersten Foto waren drei dieser Mädchen, und zwar Beate, Clara und das Mädchen aus dem Haus Nr. 27, zu sehen.
2. Auf dem zweiten Foto waren auch drei Mädchen, und zwar Anke und die Mädchen aus den Häusern Nr. 24 und Nr. 26, zu sehen.

© Springer-Verlag GmbH Deutschland, ein Teil von Springer Nature 2020
P. Jainta und L. Andrews, *Mathe ist noch viel mehr,*
https://doi.org/10.1007/978-3-662-60682-7_5

3. Auf dem dritten Foto waren alle vier Mädchen, und zwar Clara und Doris sowie die Mädchen aus den Häusern Nr. 23 und Nr. 24, zu sehen.

Es ist zu ermitteln, in welchen Häusern die Mädchen wohnen.
(Lösung Abschn. 28.2)

5.3 Professorensöhne

Die folgende Szene spielte sich während der Pause einer Mathematikertagung ab:

Als einer der teilnehmenden Professoren von seinen Kollegen gefragt wird, wie viele Kinder er habe und wie alt sie seien, antwortete er: „Ich habe drei Söhne: Zufällig haben alle drei gerade heute Geburtstag. Wenn ich die drei Zahlen, die ihr Alter angeben, miteinander multipliziere, erhalte ich 36. Addiere ich dieselben Zahlen, so ergibt ihre Summe das Datum des heutigen Tages."

Hierauf reagiert nach einer Weile einer der Teilnehmer wie folgt:
    „Dem können wir noch nicht entnehmen, wie alt Ihre Kinder sind."
    „Ja, Sie haben recht. Ich vergaß, Ihnen eine wichtige Einzelheit zu sagen: Als wir unser jüngstes Kind erwarteten, schickten wir die zwei großen Jungs aufs Land zu den Großeltern."

„Vielen Dank, nun wissen wir, wie alt die drei Kinder sind."
    Wie alt sind die Kinder des Professors, und an welchem Tag des Monats fand das Gespräch statt?
(Lösung Abschn. 28.3)

5.4 Essensausgabe

Bei der Essensausgabe in einer Schule stehen genau sieben Schüler in einer Reihe hintereinander. Olaf stellt fest:

1. Kein Mädchen steht unmittelbar vor einem anderen Mädchen.
2. Genau einer der Jungen steht unmittelbar zwischen zwei Mädchen.
3. Genau eines der Mädchen steht unmittelbar zwischen zwei Jungen.
4. Genau einmal stehen drei Jungen unmittelbar hintereinander.

Finde alle Möglichkeiten für die Reihenfolge von Jungen und Mädchen! Erkläre, warum dies alle Möglichkeiten sind.
(Lösung Abschn. 28.4)

5.5 Der Fruchtdetektiv

Für den Abend hat Vater eine Fruchtbowle angesetzt. Als er schließlich die Bowle aus dem Kühlschrank holt, sind kaum mehr Früchte im Gefäß. Als er den Rest der Familie zur Rede stellt, gibt Peter kleinlaut zu: „Ute oder ich haben probiert." Ute erklärt nach einigem Zögern: „Entweder Mutti oder ich haben genascht." Schließlich bekennt die Mutter verschmitzt: „Entweder Peter oder ich haben nicht geschleckt."

Wer hat denn nun Früchte stibitzt, wenn keiner gelogen hat?
  Hinweis: Unterscheide zwischen „oder" und „entweder ... oder"!
  (Lösung Abschn. 28.5)

5.6 Elternversammlung

In einer Klassenelternversammlung waren genau 19 Väter und 25 Mütter anwesend, von jedem Schüler und jeder Schülerin dieser Klasse wenigstens ein Elternteil. Von genau zehn Jungen und neun Mädchen waren beide Eltern da. Von genau drei Jungen und vier Mädchen kam jeweils nur die Mutter und von einem Jungen sowie einem Mädchen jeweils nur der Vater.

Wie viele Geschwister (evtl. Zwillinge) sind in dieser Klasse?
  Hinweis: Kein Kind dieser Klasse hat Stiefeltern oder Stiefgeschwister!
  (Lösung Abschn. 28.6)

Kapitel 6
Geometrisches

6.1 Das M und die Dreiecke

Zeichne ein aus vier Strecken bestehendes M wie in Abb. 6.1 (links). Gesucht sind drei Geraden, die das M so schneiden, dass sich insgesamt neun Dreiecke bilden, die sich nicht überlappen. Der rechte Teil von Abb. 6.1 zeigt ein Beispiel mit drei Geraden. Dabei zählt das Dreieck ABE nicht, da es sich mit Dreieck CDE überlappt. (Lösung Abschn. 29.1)

Abb. 6.1 M und die Dreiecke

6.2 Quadratzerlegung

Franz zeichnet ein Quadrat, das sich in sechs (nicht unbedingt gleich große) Teilquadrate zerlegen lässt (Abb. 6.2).

Zeichne jeweils ein Quadrat, das sich in genau elf, zwölf und 13 Teilquadrate zerlegen lässt.

Franz schafft es, Quadrate so in neun bzw. zehn Teilquadrate zu zerlegen, dass in der Zerlegung jeweils höchstens drei gleich große Teilquadrate vorkommen.

Zeige, dass dir dies ebenfalls gelingt!
   (Lösung Abschn. 29.2)

© Springer-Verlag GmbH Deutschland, ein Teil von Springer Nature 2020
P. Jainta und L. Andrews, *Mathe ist noch viel mehr,*
https://doi.org/10.1007/978-3-662-60682-7_6

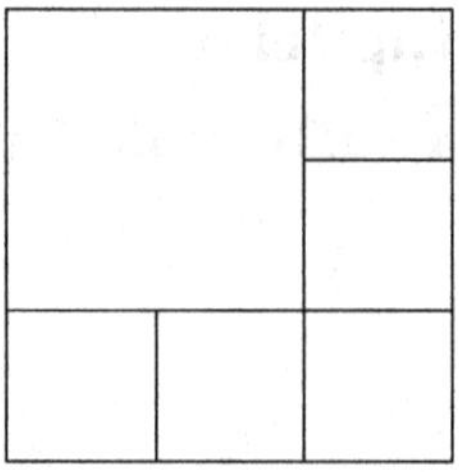

Abb. 6.2 Quadratzerlegung

Kapitel 7
Alltägliches

7.1 Siegerpreise

Bei einem Wettbewerb gab es Preise im Wert von 10, 20, 30, 50 und 50 DM. Von jeder Sorte wurde mindestens ein Preis vergeben. An die 15 Sieger wurden Preise im Gesamtwert von 250 DM verteilt.

Wie viele erhielten einen Preis im Wert von 10 DM? Begründe deine Antwort.
(Lösung Abschn. 30.1)

7.2 Restaurantrechnung

Wir waren zu dritt essen und hatten eine Gesamtrechnung von 25 DM zu bezahlen. Jeder von uns legte einen Zehnm-Mark-Schein auf den Tisch, also insgesamt 30 DM. Der Kellner gab zunächst jedem von uns 1 DM zurück. Die restlichen 2 DM erhielt er als Trinkgeld.

Jetzt begannen wir nachzurechnen. Jeder von uns hat also 9 DM bezahlt. Das sind insgesamt 27 DM. 2 DM erhielt der Kellner, macht zusammen 29 DM.
Und wo ist die restliche Mark? Erläutere präzise den Fehler.
(Lösung Abschn. 30.2)

7.3 Zigarettenstummel

Nach dem Krieg waren Zigarettenstummel, auch Kippen genannt, eine begehrte Ware. Aus drei Stummeln konnte man sich nämlich wieder eine neue Zigarette drehen.

Zu Weihnachten bekamen Großvater 25 Zigaretten und Vater 24 Zigaretten geschenkt.

© Springer-Verlag GmbH Deutschland, ein Teil von Springer Nature 2020
P. Jainta und L. Andrews, *Mathe ist noch viel mehr*,
https://doi.org/10.1007/978-3-662-60682-7_7

Wie viele Zigaretten konnte jeder von seinem Anteil insgesamt rauchen, wenn dabei alles gerecht zuging?
(Lösung Abschn. 30.3)

7.4 Antons Telefonnummer

Fabians Freund Anton besitzt im Ortsnetz eine sechsstellige Telefonnummer (sie beginnt also nicht mit Null). Die erste Ziffer ist dreimal so groß wie die vierte Ziffer, die fünfte Ziffer zweimal so groß wie die zweite. Die dritte Ziffer ist um 2 kleiner als die Summe der zweiten und vierten Ziffer. Die Telefonnummer enthält mindestens einmal die Ziffer 7, außerdem kommen darin zwei zweistellige Zahlen vor, von denen die eine durch 11 und die andere durch 13 teilbar ist.

Kannst du Fabian verraten, wie Antons Telefonnummer lautet und wie du sie herausgefunden hast?
(Lösung Abschn. 30.4)

7.5 Urlaub in Österreich

Peter fährt mit seinen Eltern nach Kärnten. Zum Überwinden des Gebirgszugs der Tauern verladen sie ihr Auto auf einen Transportzug, der dann durch einen langen Tunnel fährt. Der Eisenbahnfreund Peter stoppt für die Durchfahrt durch den Tauerntunnel 10 min 30 s. Vom Zugbegleiter will er die Länge des Tunnels erfahren, um daraus die Geschwindigkeit des Zuges zu bestimmen. Der Schaffner verrät Peter aber nur, dass ein Schnellzug für die Durchfahrt 3 min weniger benötigt, wenn er in jeder Sekunde 10 m mehr als dieser Zug zurücklegt.

Wie lang ist der Tunnel, und welche Strecke legt der Autozug in 1 h zurück?
Hinweis: Die Züge fahren mit konstanter Geschwindigkeit.
(Lösung Abschn. 30.5)

7.6 Urlaubslektüre

Ute liest im Urlaub ein Buch mit 456 Seiten. Sie nimmt sich fest vor, an jedem Tag dieselbe Anzahl von Seiten zu lesen. Als am Montag die Mutter zum Mittagessen ruft, erklärt Ute stolz: „Heute, am neunten Tag seit Beginn meiner Lektüre, habe ich schon 25 Seiten gelesen."

Welche Seite hat Ute zuletzt gelesen, und an welchem Tag wird sie ihr Buch bei dem vorgenommenen Leseverhalten fertig gelesen haben?
(Lösung Abschn. 30.6)

7.7 Hühnereier

Durchschnittlich $1\frac{1}{2}$ Hühner legen in 30 h 1, 25 Eier.

Wie viele Eier legen bei gleicher Legeleistung sieben Hühner in sechs Tagen?
    (Lösung Abschn. 30.7)

Teil II
Aufgaben der 7. und 8. Jahrgangsstufe

Kapitel 8
Der Jahreszahl verbunden

8.1 '92 in 82

Zeige: Die Zahl 1 992 teilt den Term $1 \cdot 2 \cdot 3 \cdot \ldots \cdot 81 \cdot 82 \cdot \left(\frac{1}{1} + \frac{1}{2} + \frac{1}{3} + \ldots + \frac{1}{81} + \frac{1}{82} \right)$ ohne Rest.

(Lösung Abschn. 31.1)

8.2 Zum Jahreswechsel 96/97

Zeige: Die Zahl $Z = (1996!) \cdot \left(1 + \frac{1}{2} + \frac{1}{3} + \ldots + \frac{1}{1995} + \frac{1}{1996} \right)$ ist durch 1997 teilbar.

(Lösung Abschn. 31.2)

8.3 Die Jahreszahl 1998

Wie viele Teiler besitzt die Zahl $N = 1998^{1998}$?

(Lösung Abschn. 31.3)

8.4 Zum Jahreswechsel 98/99

Auf welche Ziffer endet die Zahl $N_1 = 1998^{1999}$? Auf welche drei Ziffern endet die Zahl $N_2 = 1999^{1998}$, auf welche drei Ziffern die Zahl $N_3 = 1999^{1999}$?

(Lösung Abschn. 31.4)

© Springer-Verlag GmbH Deutschland, ein Teil von Springer Nature 2020
P. Jainta und L. Andrews, *Mathe ist noch viel mehr,*
https://doi.org/10.1007/978-3-662-60682-7_8

Kapitel 9
Geschicktes Zählen

9.1 Dicker Schmöker

Die Seiten eines dicken Buches werden fortlaufend, beginnend mit Seite 1, durchnummeriert. Dabei werden 3 829 Ziffern benötigt.

Wie viele Seiten hat das Buch?
(Lösung Abschn. 32.1)

9.2 Dreiecke

Betrachte ein gleichseitiges Dreieck mit der Seitenlänge $s_7 = 7\,\mathrm{cm}$. Es wird durch je sechs Parallelen zu jeder der drei Dreiecksseiten in lauter kleine gleichseitige Dreiecke mit der Seitenlänge $s_1 = 1\,\mathrm{cm}$ zerlegt. Diese kleinen gleichseitigen Dreiecke werden nun rot und blau angemalt, sodass keine zwei gleichfarbigen Dreiecke eine Seite gemeinsam haben. Dabei sollen die Ecken des gegebenen Dreiecks blau werden.

a) Wie viele gleichseitige Dreiecke mit der Seitelänge s_1 entstehen auf diese Weise? Wie viele davon sind blau, wie viele rot?
b) Wie viele gleichseitige Dreiecke kann man insgesamt in der entstandenen Figur finden?

(Lösung Abschn. 32.2)

© Springer-Verlag GmbH Deutschland, ein Teil von Springer Nature 2020
P. Jainta und L. Andrews, *Mathe ist noch viel mehr*,
https://doi.org/10.1007/978-3-662-60682-7_9

Kapitel 10
Zahlentheorie I

10.1 Die potente 7

Auf welche beiden Ziffern endet die Zahl $7^{(7^{(7^7)})}$?
(Lösung Abschn. 33.1)

10.2 Zahlenpaare

Es gibt viele Paare ganzer Zahlen x und y, für welche der Term $T = 2x + 3y$ ein Vielfaches von 11 ist. *Beispiel:* Für $x = 1$, $y = 3$ gilt $T = 1 \cdot 11$.

Weise nach, dass für dieselben Zahlenpaare (x, y) der Term $T^* = 7x + 5y$ ebenfalls ein Vielfaches von 11 ist.
(Lösung Abschn. 33.2)

10.3 Quadratsumme

Zeige: Die Summe der Quadrate von fünf aufeinanderfolgenden natürlichen Zahlen kann keine Quadratzahl sein.
(Lösung Abschn. 33.3)

10.4 Schwierige Ungleichung

Für natürliche Zahlen a und b soll die Beziehung $a + 2b < ab$ gelten.

a) Gib drei Zahlenpaare $(a \mid b)$ an, welche diese Beziehung erfüllen.
b) Für welche natürlichen Zahlen a ist die Ungleichung nicht erfüllbar?

© Springer-Verlag GmbH Deutschland, ein Teil von Springer Nature 2020
P. Jainta und L. Andrews, *Mathe ist noch viel mehr*,
https://doi.org/10.1007/978-3-662-60682-7_10

c) Für welche natürlichen Zahlen b ist die Ungleichung nicht erfüllbar?
d) Markiere in einem Koordinatensystem die Lösungsmenge der Ungleichung durch Punkte. Beschränke dich dabei auf $a \leq 6$ und $b \leq 6$.
e) Wie viele Elemente enthält die Lösungsmenge für $a \leq 10$ und $b \leq 10$?

(Lösung Abschn. 33.4)

10.5   Primzahlquotient

Zeige: Die Zahl $N = p^2 - 1$ ist für jede Primzahl $p \geq 5$ durch 24 teilbar.
  (Lösung Abschn. 33.5)

10.6   Primzahlzwillinge

Zwei Primzahlen p_1 und p_2 heißen Primzahlzwillinge, wenn $p_1 - p_2 = 2$ gilt.

Zeige: Für alle Primzahlzwillinge größer als 3 ist ihre Summe durch 12 teilbar.
  (Lösung Abschn. 33.6)

10.7   Rechenoperationen

Mit zwei verschiedenen natürlichen Zahlen wurden folgende Rechenoperationen durchgeführt:

1. Die Zahlen wurden addiert.
2. Die kleinere Zahl wurde von der größeren subtrahiert.
3. Die Zahlen wurden multipliziert.
4. Die größere Zahl wurde durch die kleinere dividiert.

Die Summe der vier Ergebnisse ist 243. Wie heißen die beiden Zahlen? Wie viele Lösungspaare gibt es?
  (Lösung Abschn. 33.7)

10.8   Neunstellige Zahl gesucht

Ermittle alle natürlichen Zahlen, die folgende Bedingungen erfüllen:

1. Die Zahl ist neunstellig.
2. Die aus der ersten, zweiten und dritten bzw. aus der vierten, fünften und sechsten bzw. aus der siebten, achten und neunten Ziffer gebildeten dreistelligen Zahlen verhalten sich wie $1 : 3 : 5$.

3. Die Zahl ist durch alle natürlichen Zahlen von 1 bis 10 einschließlich teilbar.
(Lösung Abschn. 33.8)

10.9   Zahlenriesen multipliziert

Berechne den Wert der Differenz

$$D = 9\,081\,726\,351 \cdot 9\,081\,726\,357 \cdot 9\,081\,726\,360 \cdot 9\,081\,726\,352$$
$$- 9\,081\,726\,353 \cdot 9\,081\,726\,359 \cdot 9\,081\,726\,358 \cdot 9\,081\,726\,350,$$

ohne die Zahlenwerte der Produkte einzeln zu berechnen!
(Lösung Abschn. 33.9)

10.10   Brüche im alten Ägypten

Die alten Ägypter kannten nur natürliche Zahlen und Stammbrüche, d. h. Brüche der
Form $\frac{1}{n}$ mit $n \in \mathbb{N}$. Sie stellten echte Brüche als Summe von lauter verschiedenen
Stammbrüchen dar. Zum Beispiel schrieben sie für den Bruch $\frac{3}{4}$ die Summe von $\frac{1}{2}$
und $\frac{1}{4}$ und für den Bruch $\frac{2}{17}$ die Summe von $\frac{1}{9}$ und $\frac{1}{153}$.

Wie hätten wohl die alten Ägypter die Brüche $\frac{17}{89}$ und $\frac{47}{89}$ darstellen können?
(Lösung Abschn. 33.10)

10.11   Noch einmal Quadratsummen

In Aufgabe 10.3 soll gezeigt werden, dass die Summe der Quadrate von fünf aufeinanderfolgenden natürlichen Zahlen keine Quadratzahl sein kann.

Ist dies bei der Summe der Quadrate von vier aufeinanderfolgenden natürlichen
Zahlen möglich?
(Lösung Abschn. 33.11)

Kapitel 11
Winkel, Seiten und Flächen

11.1 Neun Parallelen

Gegeben ist ein beliebiges Dreieck. Es werden neun Parallelen zur Grundlinie c gezogen, die die beiden anderen Seiten in je zehn gleiche Abschnitte und den Flächeninhalt des Dreiecks in zehn ungleiche Teilflächen zerlegen. Der Flächeninhalt der größten Teilfläche beträgt 76 Flächeneinheiten.

Bestimme den Flächeninhalt A des gegebenen Dreiecks.
(Lösung Abschn. 34.1)

Abb. 11.1 Dreiecke im Sechseck

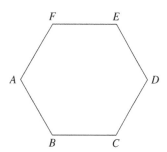

11.2 Dreiecke im Sechseck

Ein regelmäßiges Sechseck (Abb. 11.1) soll so zerlegt werden, dass ausschließlich Dreiecke entstehen. Die Geraden gehen nur durch die Eckpunkte des Sechsecks.

a) Zeichne alle Möglichkeiten, die es bei einer Zerlegung mit drei Geraden gibt! Eine der Geraden muss durch die Eckpunkte A und E verlaufen.
b) Wie viele Geraden sind erforderlich, um die meisten Dreiecke zu erhalten?

(Lösung Abschn. 34.2)

© Springer-Verlag GmbH Deutschland, ein Teil von Springer Nature 2020
P. Jainta und L. Andrews, *Mathe ist noch viel mehr,*
https://doi.org/10.1007/978-3-662-60682-7_11

Abb. 11.2 Quadrate im
Rechteck

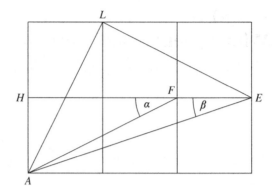

11.3 Quadrate im Rechteck

Gegeben ist eine aus sechs kongruenten Quadratflächen zusammengesetzte Recht-
eckfläche (Abb. 11.2). Es sei $\alpha = |\sphericalangle HFA|$ und $\beta = |\sphericalangle HEA|$.

Zeige: $\alpha + \beta = 45°$.
   Hinweis: Betrachte das Dreieck AEL.
   (Lösung Abschn. 34.3)

11.4 Gleiche Abstände

Gegeben sind drei verschiedene Punkte A, B und C.

Gibt es Geraden, die von allen drei Punkten den gleichen Abstand haben? Wie viele
Lösungen gibt es?
   (Lösung Abschn. 34.4)

11.5 Ein Dreieck

Gegeben ist ein Dreieck ABC mit $|AB| < |AC|$ und dem Winkel $\sphericalangle BAC = \alpha <$
$90°$. Sei D der Punkt auf $\overline{AC}$ mit $|DC| = |AB|$, M die Mitte der Strecke $\overline{AD}$, N die
Mitte der Strecke $\overline{BC}$ und E der Schnittpunkt der beiden Geraden AB und MN.

Was lässt sich dann über die Seiten des Dreiecks EAM aussagen? Beweise deine
Vermutung! Drücke den Winkel $\sphericalangle AEM$ durch α aus.

Hinweis: Als Hilfspunkt eignet sich ein geeignet gewählter Punkt F auf der Verlän-
gerung von CA über A hinaus.
   (Lösung Abschn. 34.5)

11.6 Dreieckskonstruktion

Konstruiere ein Dreieck, von dem die Summe s der Seiten, die Größe des Winkels α und die Länge der Höhe h_c gegeben sind, für $s = a + b + c = 11\,\text{cm}$; $h_c = 4\,\text{cm}$; $\alpha = 80°$.
(Lösung Abschn. 34.6)

11.7 Winkel im Siebeneck

Es sei ein regelmäßiges Siebeneck $ABCDEFG$ gegeben (Abb. 11.3).

Unter welchem Winkel ϵ schneiden sich die Diagonalen $\overline{AF}$ und $\overline{GC}$? Unter welchem Winkel η schneiden sich die Diagonalen $\overline{AF}$ und $\overline{GE}$?
(Lösung Abschn. 34.7)

11.8 Parallele

Gegeben sind drei Punkte A, B und C, die nicht auf einer Geraden liegen.

Konstruiere nur mit dem Zirkel einen von C verschiedenen Punkt P so, dass die Gerade g_{CP} (= Gerade durch die Punkte C und P) parallel zu der Geraden g_{AB} (= Gerade durch die Punkte A und B) verläuft! Begründe dein Vorgehen! Wie könnte man wieder nur mit dem Zirkel allein weitere Punkte der Geraden g_{CP} konstruieren?
(Lösung Abschn. 34.8)

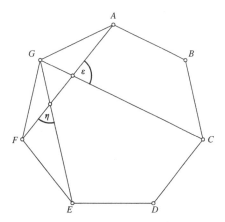

Abb. 11.3 Winkel im Siebeneck

Kapitel 12
Geometrische Algebra I

12.1 Ameise auf Honigsuche

Eine Ameise hat sich auf der Honigsuche in einem Bienenstock verirrt. Sie sitzt auf einer Wabe, die als Netz regelmäßiger Sechsecke angesehen wird, an einem Punkt A und versucht, die Wabe nur längs der Sechseckseiten laufend zu verlassen. Eine Sechseckseite habe die Länge r. Der Punkt A ist n Reihen von der Unterkante entfernt (Abb. 12.1).

Abb. 12.1 Ameise auf Honigsuche

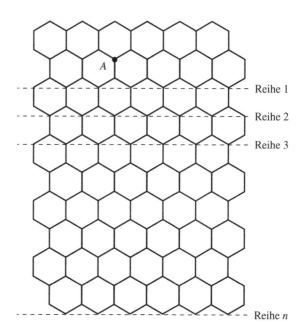

Reihe 1

Reihe 2

Reihe 3

Reihe n

© Springer-Verlag GmbH Deutschland, ein Teil von Springer Nature 2020
P. Jainta und L. Andrews, *Mathe ist noch viel mehr*,
https://doi.org/10.1007/978-3-662-60682-7_12

a) Wie viele Möglichkeiten gibt es für $n = 1$ und $n = 2$ bzw. für eine beliebige natürliche Zahl n, um von A auf dem kürzesten Weg zum unteren Rand der Wabe zu gelangen?

b) Wie lang ist der jeweils kürzeste Weg von A zum unteren Rand für $n = 1$ und $n = 2$ bzw. für eine beliebige natürliche Zahl n?

c) In welchem Bereich der Wabe kann sich die Ameise beim Gehen entlang der kürzesten Wege nur aufhalten? Markiere diesen Bereich in einer Zeichnung und beschreibe ihn.

d) Markiere für $n = 4$ alle Punkte auf dem unteren Rand der Wabe, zu denen es von A aus genau vier mögliche kürzeste Wege gibt!

Bemerkung: Die Wabe kann als nach links und rechts unbegrenzt betrachtet werden.
(Lösung Abschn. 35.1)

12.2   Punktmenge

Gegeben ist ein gleichseitiges Dreieck ABC mit der Seitenlänge a. Die Menge M bestehe aus allen Punkten P, die von den Geraden g_{AB} (Gerade durch die Punkte A und B) und g_{AC} (Gerade durch die Punkte A und C) gleich weit entfernt sind und von der Ecke B den Abstand r haben.

Wie ändert sich die Anzahl der Elemente der Menge M, wenn sich der Abstand $r = |BP|$ der Punkte P von der Ecke B ändert?

Hinweis: Für die Punkte der Winkelhalbierenden eines Winkels gilt: Jeder Punkt ist von den Schenkeln des Winkels gleich weit entfernt.
(Lösung Abschn. 35.2)

Kapitel 13
Besondere Zahlen

13.1 Datumszauber

Schreibe das Datum eines bestimmten Tages, z.B. das des Abgabetermins 14.12.1994, auf einen Zettel. Fasse dieses Datum als zusammenhängende Zahl auf (im Beispiel 14 121 994). Subtrahiert man von dieser Zahl ihre Quersumme, so entsteht eine durch 9 teilbare Zahl.

Begründe, warum dies für jedes Datum richtig ist.
    (Lösung Abschn. 36.1)

13.2 Prim oder nicht prim?

a) Welche der Zahlen 11, 101, 1 001, 10 001, 100 001, 1 000 001 sind Primzahlen ?
b) *Zeige:* 1 000 000 001 ist keine Primzahl.
c) *Zeige:* Die Zahl 1000 . . . 0001 mit 1996 Nullen zwischen den beiden Einsen ist keine Primzahl.

(Lösung Abschn. 36.2)

© Springer-Verlag GmbH Deutschland, ein Teil von Springer Nature 2020
P. Jainta und L. Andrews, *Mathe ist noch viel mehr,*
https://doi.org/10.1007/978-3-662-60682-7_13

Kapitel 14
Noch mehr Logik

14.1 Spielzeugcrash

Der kleine Daniel besitzt zwei verschiedene Sätze Spielzeugautos: zehn Audis und neun BMWs. Jedes Mal, wenn er mit seinen Autos „Crash" spielt, gehen zwei Autos kaputt. Aber Daniels Vater ist handwerklich sehr geschickt. Er kann aus zwei kaputten Audis oder zwei defekten BMWs einen neuen BMW zusammensetzen, und er kann aus einem kaputten Audi und einem demolierten BMW einen neuen Audi herstellen. Daniels Vater ergänzt also den Spielzeugautobestand nach jedem „Crash"-Spiel. Trotzdem bleibt Daniel eines Tages nur noch ein einziges Auto übrig.

Überlege, ob das letzte Exemplar ein Audi oder ein BMW ist.
(Lösung Abschn. 37.1)

14.2 Klassenelternversammlung

In einer Klassenelternversammlung sind genau 18 Väter und 24 Mütter anwesend, von jeder Schülerin und jedem Schüler dieser Klasse wenigstens ein Elternteil. Von genau zehn Jungen und genau acht Mädchen sind jeweils beide Eltern da, von genau vier Jungen und genau drei Mädchen jeweils nur die Mutter, während von genau einem Jungen und genau einem Mädchen jeweils nur der Vater gekommen ist.

Ermittle aus diesen Angaben die Anzahl derjenigen Kinder, die in derselben Klasse Geschwister haben.

Bemerkung: Kein Kind dieser Klasse hat Stiefeltern oder Stiefgeschwister.
(Lösung Abschn. 37.2)

© Springer-Verlag GmbH Deutschland, ein Teil von Springer Nature 2020   45
P. Jainta und L. Andrews, *Mathe ist noch viel mehr,*
https://doi.org/10.1007/978-3-662-60682-7_14

14.3   Fliegengewicht?

Von vier Kindern Anton, Berta, Claudia und Daniel ist bekannt:

1. Anton und Daniel sind zusammen leichter als Berta und Claudia.
2. Daniel ist schwerer als Anton und als Berta.
3. Anton und Claudia sind genauso schwer wie Daniel und Berta.

Wie müssen sich die Kinder aufstellen, damit sie nach steigendem Gewicht angeordnet sind?
   (Lösung Abschn. 37.3)

14.4   Das Erbe des Sultans

Ein Sultan veranlasst, dass nach seinem Tod sein Vermögen auf seine vier Söhne
Alim, Elim, Ilim und Ulim folgendermaßen aufgeteilt wird:

a) Alim soll so viel erhalten, wie Elim mehr als Ilim erhält.
b) Alim und Ulim sollen zusammen so viel bekommen wie Elim und Ilim zusammen
   erhalten.
c) Ulim erhält weniger als Alim und Ilim zusammen.
d) Keiner der Söhne geht leer aus.

Welcher Sohn erhält den größten, welcher den kleinsten Anteil des Vermögens?
   (Lösung Abschn. 37.4)

14.5   Würfelspiel

Lutz bastelt sich je einen Würfel in den Farben Rot, Blau und Gelb. Die Seiten des roten Würfels tragen zweimal die Zahlen 2, 4, 9. Die Seiten des blauen Würfels weisen
zweimal die Zahlen 3, 5, 7 auf. Die Seiten des gelben Würfels zeigen zweimal die
Zahlen 1, 6, 8. Die Summe der Zahlen auf den Seiten dieser drei Würfel ist gleich.
Dennoch war sich Lutz sicher, einen Würfel aussuchen zu können, der ihm eine bes-
sere Chance gab, die größere Zahl zu erwürfeln und damit zu gewinnen, allerdings
nur dann, wenn er seinen Gegner zuerst einen Würfel auswählen ließ.

Erkläre diesen Sachverhalt!
   (Lösung Abschn. 37.5)

14.6 Lotterie

Eine Lotterie besteht aus einer Serie von 1 bis 2000 durchnummerierten Losen. Am Ende werden unter diesen Losen ein Gewinn zu 500 DM, fünf Gewinne zu 100 DM, 20 Gewinne zu 50 DM, 50 Gewinne zu 20 DM und 200 Gewinne zu 5 DM verlost.

a) Wie viel muss ein Los kosten, wenn alle Lose verkauft werden, der Lotterieveranstalter 20 % der Einnahmen als Reingewinn für sich behält, die Geschäftskosten mit 640 DM anzusetzen sind und dann der Rest der Einnahmen als Gewinne an die Loskäufer ausgeschüttet wird?
b) Zacharias kauft ein Los einer Serie.
   b1) Mit welcher Wahrscheinlichkeit ist dies der Hauptgewinn?
   b2) Mit welcher Wahrscheinlichkeit zieht er einen Gewinn?
c) Yasmin kauft zwei Lose einer Serie.
   c1) Wie groß ist die Wahrscheinlichkeit für zwei Gewinnlose?
   c2) Mit welcher Wahrscheinlichkeit zieht sie zwei Nieten?
d) Xaver kauft zwei Lose.
   Mit welcher Wahrscheinlichkeit gewinnt er mindestens 200 DM?

(Lösung Abschn. 37.6)

Kapitel 15
Probleme des Alltags

15.1 Spiritusmischung

Aus 77-prozentigem und 87-prozentigem Spiritus sollen durch Mischen 1000 g eines 80-prozentigen Spiritus hergestellt werden.

Ermittle die dafür benötigten Massen der beiden Spiritussorten, aus denen das Gemisch hergestellt werden soll.
(Lösung Abschn. 38.1)

15.2 Mathematikprüfung

Anton will zur Vorbereitung auf eine Mathematikprüfung eine bestimmte Anzahl von Aufgaben lösen. Auf die Frage, wie viele Aufgaben er schon gelöst habe, antwortet er: „Die Anzahl der gelösten Aufgaben ist um 31 größer als die Anzahl der nicht gelösten Aufgaben. Addiert man zur Anzahl der gelösten Aufgaben die doppelte Anzahl der nicht gelösten Aufgaben, so erhält man eine Anzahl, die kleiner als 100 ist. Addiert man aber zur Anzahl der gelösten Aufgaben ein Drittel der Anzahl nicht gelöster Aufgaben, so ergibt sich eine ganze Zahl, die größer als 45 ist."

Ist durch die obigen Angaben die Zahl der Aufgaben, deren Lösung sich Anton vorgenommen hat, eindeutig bestimmt? Wenn ja, wie groß ist diese Zahl? Wenn nein, welche Anzahlen an Aufgaben sind möglich?
(Lösung Abschn. 38.2)

© Springer-Verlag GmbH Deutschland, ein Teil von Springer Nature 2020
P. Jainta und L. Andrews, *Mathe ist noch viel mehr*,
https://doi.org/10.1007/978-3-662-60682-7_15

15.3   Farbige Kugeln

Achim besitzt 20 rote, 30 weiße und 60 blaue Kugeln. Von den insgesamt 110 Kugeln sind 25 größer als die restlichen. Er hat sieben große blaue Kugeln mehr als große rote und große weiße Kugeln zusammen. Die Anzahl der kleinen roten Kugeln ist um 53 kleiner als die Anzahl der kleinen blauen und der kleinen weißen Kugeln zusammen.

Wie viele Kugeln von jeder Sorte geordnet nach Größe und Farbe besitzt Achim?
(Lösung Abschn. 38.3)

15.4   Wasser im Glasquader

In einem allseitig geschlossenen quaderförmigen Glaskasten befinden sich 6 l Wasser. Legt man den Kasten nacheinander mit einer seiner Außenflächen auf eine waagerechte Unterlage, so beträgt die Wasserhöhe im Kasten einmal 2 cm, einmal 3 cm und einmal 2, 5 cm.

Ermittle das Innenvolumen V, die Innenlänge l, die Innenbreite b und die Innenhöhe h des Kastens!
(Lösung Abschn. 38.4)

Kapitel 16
... mal was ganz anderes

16.1 Rechensystem

Ermittle alle Möglichkeiten, die leeren Felder im folgenden Rechenschema so durch
Ziffern zu ersetzen, dass eine richtig gerechnete Multiplikationsaufgabe entsteht.

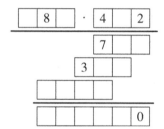

(Lösung Abschn. 39.1)

16.2 Eine Kugel auf der Waage

Wie viele Dreiecke müssen statt des Fragezeichens aufgelegt werden, damit das
oberste Dreieck in Abb. 16.1 in der Waage bleibt, wenn (1) bis (3) gelten?
(Lösung Abschn. 39.2)

© Springer-Verlag GmbH Deutschland, ein Teil von Springer Nature 2020   51
P. Jainta und L. Andrews, *Mathe ist noch viel mehr*,
https://doi.org/10.1007/978-3-662-60682-7_16

Abb. 16.1 Kugel auf der
Waage

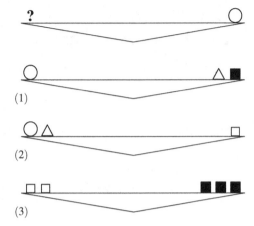

16.3 Goldschatz

In einer Schatzkammer befindet sich eine bestimmte Anzahl Goldstücke. Ein unge-
treuer Wachmann entnahm der Schatzkammer ein Sechzehntel der Goldstücke. Ein
zweiter nahm ein Neunzehntel von dem, was übriggeblieben war. Ein dritter Wächter
entwendete zuletzt noch ein Fünfundzwanzigstel des übrigen Schatzes.

Wie viele Goldstücke waren ursprünglich mindestens in der Schatzkammer?
(Lösung Abschn. 39.3)

Teil III
Aufgaben der 9. bis 11. Jahrgangsstufe

Kapitel 17
Zahlentheorie II

17.1 Vierstellige Zahl gesucht

Es sei N eine vierstellige natürliche Zahl.

Subtrahiere von der Zahl N diejenige dreistellige Zahl, die man erhält, wenn man die Einerziffer von N weglässt. Addiere dann die zweistellige Zahl, die sich aus N ergibt, wenn die beiden letzten Ziffern weggelassen werden. Addiere schließlich diejenige einstellige Zahl, die nur aus der ersten Ziffer von N besteht. Bestimme die Zahl N so, dass sich als Ergebnis der Rechnungen 1992 ergibt.
(Lösung Abschn. 40.1)

17.2 Nicht zu kürzen

Zeige: Der Bruch $\frac{21n+4}{14n+3}$ ist für keine natürliche Zahl n kürzbar.
(Lösung Abschn. 40.2)

17.3 Eine durch 3 teilbar

Gegeben sind zwei beliebige, voneinander verschiedene natürliche Zahlen sowie ihre Summe, ihre Differenz und ihr Produkt.

Zeige: Unter diesen drei so gebildeten Zahlen ist wenigstens eine durch 3 teilbar.
(Lösung Abschn. 40.3)

© Springer-Verlag GmbH Deutschland, ein Teil von Springer Nature 2020
P. Jainta und L. Andrews, *Mathe ist noch viel mehr,*
https://doi.org/10.1007/978-3-662-60682-7_17

17.4   1994 zerlegt

Schreibe den Bruch $\frac{19}{94}$ in der Form $\frac{1}{m} + \frac{1}{n}$, wobei m und n natürliche Zahlen sind. Beschreibe deine Vorgehensweise!
(Lösung Abschn. 40.4)

17.5   Drei aus Vier

Finde mit Nachweis alle möglichen Paare (a, b) positiver ganzer Zahlen, welche genau drei der folgenden vier Bedingungen erfüllen:

1. b ist ein Teiler von $a + 1$.
2. $a = 2b + 5$.
3. $a + b$ ist ein Vielfaches von 3.
4. $a + 7b$ ist eine Primzahl.

(Lösung Abschn. 40.5)

17.6   Ganz wird Quadrat

Für welche ganzen Zahlen x ist der Term $T(x) = x^2 + 19x + 94$ eine Quadratzahl?
(Lösung Abschn. 40.6)

17.7   Zahlenlogik

Der Mathelehrer schreibt eine natürliche Zahl $n < 50000$ an die Tafel. Ein Schüler sieht sofort, dass n gerade ist. Ein anderer meint, n ist durch 3 teilbar. Ein dritter wiederum findet heraus, dass n ein Vielfaches von 4 ist. Dies geht so weiter, bis schließlich der zwölfte Schüler sagt: „Die Zahl besitzt auch den Teiler 13." Nach kurzem Nachdenken stellt der Lehrer am Ende fest: „Genau zwei der zwölf Aussagen waren falsch. Die beiden falschen Vermutungen sind unmittelbar hintereinander erfolgt."

Begründe mit Hilfe dieser Aussagen, welche Zahl an der Tafel steht.
(Lösung Abschn. 40.7)

17.8 Zahlendifferenzen

Zehn aufeinanderfolgende natürliche Zahlen werden nebeneinander geschrieben. Darunter werden dieselben Zahlen in einer beliebigen anderen Reihenfolge geschrieben. Dann wird jeweils der Unterschied zwischen zwei untereinander stehenden Zahlen gebildet. Ein Beispiel zeigt Tab. 17.1.

Zeige: Mindestens zwei der Unterschiede sind gleich.
  Hinweis: Der Unterschied ist der Betrag der Differenz.
  (Lösung Abschn. 40.8)

Tab. 17.1 Zahlendifferenzen

47	48	49	50	51	52	53	54	55	56
51	49	53	52	47	50	54	55	56	48
4	1	4	2	4	2	1	1	1	8

17.9 Vier und eins dazu

Zeige: Addieren wir zum Produkt von vier aufeinanderfolgenden natürlichen Zahlen die Zahl 1, so erhalten wir stets eine Quadratzahl, aber nie die vierte Potenz einer natürlichen Zahl.
  (Lösung Abschn. 40.9)

17.10 Zahlenwisch

Die 100 Zahlen $1, \frac{1}{2}, \frac{1}{3}, \ldots, \frac{1}{100}$ sind auf eine Tafel geschrieben. Man darf nun zwei Zahlen a und b aus dieser Menge willkürlich wegwischen und durch die Zahl $a + b + ab$ ersetzen. Dies geschieht insgesamt 99-mal. Es bleibt schließlich noch eine Zahl an der Tafel stehen.

Welche Zahl ist das? Begründe deine Antwort!
  (Lösung Abschn. 40.10)

17.11 Kürzbar?

Für welche natürlichen Zahlen n ist der Bruch $\frac{n-3}{n^2+2}$ kürzbar?
  (Lösung Abschn. 40.11)

17.12 99 Brüche

Es sei $T(n) = \frac{n^3-1}{n^3+1}$. Wir bilden für $n = 2, 3, 4, \ldots, 100$ die Brüche $T(2) = \frac{7}{9}$, $T(3) = \frac{26}{28}$, ... usw.

Zeige: Das Produkt der 99 Brüche ist größer als $\frac{2}{3}$.
   (Lösung Abschn. 40.12)

17.13 Günstige Zahlen

Die natürliche Zahl n heißt günstig, wenn sie in der Form $3x^2 + 32y^2$ mit positiven ganzen Zahlen x und y dargestellt werden kann.

Zeige: Wenn n günstig ist, dann ist es auch die Zahl $97 \cdot n$.
   (Lösung Abschn. 40.13)

Kapitel 18
Funktionen, Ungleichungen, Folgen und Reihen

18.1 Funktionswert gesucht

Eine Funktion f erfüllt für reelle Zahlen x, y die folgenden Bedingungen:

1. $f(x, y) = f(y, x)$
2. $f(x, x) = x$
3. $(x + y) \cdot f(x, y) = (2x + y) \cdot f(x, x + y)$

Berechne den Wert von $f(19, 93)$.
   (Lösung Abschn. 41.1)

18.2 Ungleichung

Beweise: Für beliebige Zahlen $a \in \mathbb{R}$ gilt: $3(1 + a^2 + a^4) \geq (1 + a + a^2)^2$.
   (Lösung Abschn. 41.2)

18.3 Dieselbe Quersumme in Folge

Gegeben ist die unendliche arithmetische Folge natürlicher Zahlen:

$$1996, \ 1996 + 1 \cdot 1997, \ 1996 + 2 \cdot 1997, \ 1996 + 3 \cdot 1997, \ \ldots$$

Zeige: Unendlich viele Glieder der Folge besitzen dieselbe Quersumme.
   (Lösung Abschn. 41.3)

© Springer-Verlag GmbH Deutschland, ein Teil von Springer Nature 2020   59
P. Jainta und L. Andrews, *Mathe ist noch viel mehr*,
https://doi.org/10.1007/978-3-662-60682-7_18

18.4 Polynomwert niemals 1998

Gegeben ist ein Polynom $p : x \rightarrow p(x) = a_n x^n + a_{n-1} x^{n-1} + \ldots + a_1 x + a_0$ mit den beiden folgenden Eigenschaften:

1. Alle Koeffizienten $a_0, a_1, \ldots, a_n$ an sind ganze Zahlen.
2. $p(x)$ nimmt den Wert 1991 für vier verschiedene ganzzahlige x-Werte an.

Zeige: Es gibt kein $x \in \mathbb{Z}$ mit $p(x) = 1998$.
   (Lösung Abschn. 41.4)

18.5 Funktionswert berechnen

Eine Funktion f ist für alle $n \geq 1$, $n \in \mathbb{N}$, definiert und genügt den folgenden Bedingungen:

1. $f(1) = 999$
2. $f(1) + f(2) + \ldots + f(n) = n^2 \cdot f(n)$, $(n > 1)$

Berechne den Funktionswert $f(1998)$.
   (Lösung Abschn. 41.5)

Kapitel 19
Winkel und Seiten

19.1 Winkel im Quadrat

Im Inneren eines Quadrats $ABCD$ wird ein Punkt M derart gewählt, dass gilt:

$$|\sphericalangle MAC| = |\sphericalangle MCB| = \tau$$

Berechne aus diesen Angaben den Winkel $\delta = |\sphericalangle ADM|$ in Abhängigkeit von τ.
  (Lösung Abschn. 42.1)

Abb. 19.1 Halbkreis und
Kreis im Dreieck

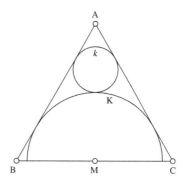

19.2 Dreieck, Umkreis und Winkelhalbierende

Gegeben sind ein Dreieck ABC und sein Umkreis. Die Verlängerungen der Winkelhalbierenden w_α, w_β und w_γ schneiden den Umkreis in den entsprechenden Punkten D, E und F.

Zeige: Die Strecken $\overline{AD}$ und $\overline{EF}$ stehen aufeinander senkrecht.
  (Lösung Abschn. 42.2)

© Springer-Verlag GmbH Deutschland, ein Teil von Springer Nature 2020
P. Jainta und L. Andrews, *Mathe ist noch viel mehr*,
https://doi.org/10.1007/978-3-662-60682-7_19

19.3   Gleichschenklige Dreiecke

Zeige: Jedes der folgenden drei Dreiecke kann in genau drei gleichschenklige Dreiecke zerlegt werden:

a) ein spitzwinkliges Dreieck,
b) ein Dreieck mit mindestens einem 45°-Winkel und
c) ein Dreieck, bei dem ein Winkel siebenmal so groß ist wie einer der beiden übrigen.

Es genügt jeweils, eine geeignete Zerlegung zu beschreiben bzw. sauber und maßstäblich korrekt aufzuzeichnen und entsprechende Winkelgrößen darin zu kennzeichnen.
(Lösung Abschn. 42.3)

19.4   Noch mehr gleichschenklige Dreiecke

Ein gleichschenkliges Dreieck mit Schenkeln der Länge s und einer Basis der Länge b besitzt Basiswinkel der Größe 15°. Ein zweites gleichschenkliges Dreieck hat die Basislänge s und die Schenkellänge b.

Wie groß sind die Basiswinkel in diesem Dreieck?
(Lösung Abschn. 42.4)

19.5   Halbkreis und Kreis im Dreieck

Gegeben ist ein gleichseitiges Dreieck ABC. Sei M die Mitte der Seite $\overline{BC}$. Der Halbkreis K um M mit Radius R berührt die Seiten $\overline{AB}$ und $\overline{AC}$ des Dreiecks. Der Kreis k mit Radius r berührt den Halbkreis K und die Seiten $\overline{AB}$ und $\overline{AC}$ des Dreiecks (Abb. 19.1).

Bestimme das Verhältnis $R \div r$ der Radien und beweise das Ergebnis.
(Lösung Abschn. 42.5)

19.6   Schwarze Punkte, rote und grüne Strecken

Es sei M sei eine Menge von neun verschiedenen schwarzen Punkten, die auf einem Kreis angeordnet sind. Jede der 36 Strecken, die zwei verschiedene Punkte aus M verbinden, ist entweder rot oder grün (bis auf die Endpunkte). Jedes Dreieck mit Eckpunkten aus M hat mindestens eine rote Seite.

Beweise: Es gibt vier Punkte aus M, die nur durch rote Strecken verbunden sind.
(Lösung Abschn. 42.6)

19.7 Dreieck und Quadrat

Gegeben ist ein Dreieck ABC. Errichte auf der Seite $\overline{AB}$ ein Quadrat (nach außen)
mit Diagonalenschnittpunkt O. M und N seien die Seitenmitten von $\overline{AC}$ (Länge b)
bzw. $\overline{BC}$ (Länge a).

Bestimme in Abhängigkeit von a und b den größten Wert, den die Summe der
Streckenlängen $|OM| + |ON|$ annehmen kann, wenn sich der Winkel $\sphericalangle ACB$ des
Dreiecks ändert.
(Lösung Abschn. 42.7)

Kapitel 20
Flächenbetrachtungen

20.1 Achtzackiger Stern

In einem Quadrat mit der Seitenlänge 10 cm werden die Mitten jeder Seite jeweils mit den nicht benachbarten Eckpunkten verbunden (Abb. 20.1).

Welchen Flächeninhalt besitzt der grau eingefärbte achtzackige Stern?
(Lösung Abschn. 43.1)

Abb. 20.1 Achtzackiger Stern

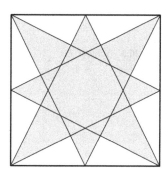

20.2 Dreieck im Dreieck

Einem Dreieck ABC ist ein kleineres Dreieck XYZ (Abb. 20.2) einbeschrieben. Die Punkte X, Y und Z teilen dabei die Seiten AB, BC und CA jeweils im Verhältnis $k \in \mathbb{R}$, d. h., es gilt:

$$\frac{|AX|}{|XB|} = \frac{|BY|}{|YC|} = \frac{|CZ|}{|ZA|} = k$$

Bestimme in Abhängigkeit von k, welchen Bruchteil der Gesamtfläche das Dreieck XYZ bedeckt.

© Springer-Verlag GmbH Deutschland, ein Teil von Springer Nature 2020
P. Jainta und L. Andrews, *Mathe ist noch viel mehr,*
https://doi.org/10.1007/978-3-662-60682-7_20

Abb. 20.2 Dreieck im
Dreieck

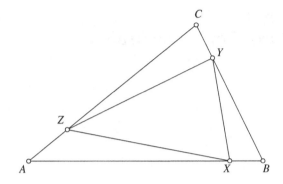

(Lösung Abschn. 43.2)

20.3 Achteck im Quadrat

Verbindet man die Seitenmittelpunkte eines gegebenen Quadrats mit den gegenüber-
liegenden Quadratecken, so entsteht im Innern ein Achteck (Abb. 20.3).

Bestimme den Flächenanteil, den das Achteck überdeckt.
   (Lösung Abschn. 43.3)

Abb. 20.3 Achteck im
Quadrat

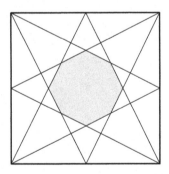

20.4 Achtecksfläche

In einem Achteck $ABCDEFGH$ mit einem Punkt M im Inneren gilt:

$$|AM| = |BM| = |CM| = |DM| = |EM| = |FM| = |GM| = |HM|$$
$$|AB| = |CD| = |FG| = |GH| = 2$$
$$|BC| = |DE| = |EF| = |HA| = 3$$

Berechne seinen Flächeninhalt exakt und auf vier Dezimalen genau.
(Lösung Abschn. 43.4)

20.5 Vierecksflächen

Gegeben sind zwei Vierecke $A_1 A_2 A_3 A_4$, $B_1 B_2 B_3 B_4$ und ein Punkt P im Inneren des Vierecks $A_1 A_2 A_3 A_4$. Für $i = 1, 2, 3, 4$ sind die Strecken $\overline{A_i A_{i+1}}$ und $\overline{P B_i}$ parallel und gleich lang, wobei $A_5 = A_1$ gilt.

Beweise: Das Viereck $B_1 B_2 B_3 B_4$ besitzt den doppelten Flächeninhalt wie das Viereck $A_1 A_2 A_3 A_4$.

Hinweis: Mache dir die Problematik anhand einer geeigneten Zeichnung klar.
(Lösung Abschn. 43.5)

Kapitel 21
Geometrische Algebra II

21.1 Unmögliches Dreieck

Zeige: Es gibt kein Dreieck, dessen Höhen die Längen 4, 7 und 10 (gemessen in Längeneinheiten) haben.
(Lösung Abschn. 44.1)

21.2 Ein rechteckiger Platz

Die Seiten eines rechteckigen Platzes haben ganzzahlige Längen (gemessen in Meter). Wenn man den Platz mit quadratischen Platten von $1\,m^2$ auslegt, dann ist die Anzahl der Platten auf der gesamten Fläche doppelt so groß wie die Anzahl aller Randplatten.

Ermittle (mit Begründung) alle möglichen Abmessungen des Platzes.
(Lösung Abschn. 44.2)

21.3 Mathebillard

Ein quadratischer Billardtisch (Seitenlänge 1 m) hat an jeder Ecke ein Loch. Eine Kugel wird (z. B. von der Ecke links unten aus) gestoßen. Sie trifft die rechte Bande in der Entfernung $\frac{19}{96}$ m oberhalb der rechten Ecke. Die Kugel soll sich ideal (also ohne Energieverlust) bewegen.

Wie viele Banden muss die Billardkugel treffen, bis sie erneut in eines der vier Löcher fällt?
(Lösung Abschn. 44.3)

© Springer-Verlag GmbH Deutschland, ein Teil von Springer Nature 2020
P. Jainta und L. Andrews, *Mathe ist noch viel mehr,*
https://doi.org/10.1007/978-3-662-60682-7_21

21.4 Spezielle Dreiecksbeziehungen

Die Seitenlängen a, b, c eines Dreiecks sind ganzzahlig. Die Länge einer Höhe des Dreiecks ist die Summe der Längen der beiden anderen Höhen.

Zeige: Der Term $a^2 + b^2 + c^2$ ist eine Quadratzahl.
(Lösung Abschn. 44.4)

21.5 Quadrate in der Ebene

Gegeben sei eine Menge M von n ($n \in \mathbb{N}$, $n > 1$) Quadraten in der Ebene mit folgenden Eigenschaften:

1. Jedes Quadrat aus M hat die Seitenlänge 1.
2. Je zwei Quadrate aus M besitzen zueinander parallele Seiten.
3. Der Abstand der Mittelpunkte je zweier Quadrate aus M ist höchstens 2.

Hinweise: Der Mittelpunkt eines Quadrats ist der Schnittpunkt seiner Diagonalen. Die Quadrate dürfen sich überlappen.

Beweise: Es gibt ein Quadrat Q mit Seitenlänge 1, dessen Seiten zu den Quadraten aus M parallel sind und das mit jedem der Quadrate aus M mindestens einen Punkt gemeinsam hat. Dabei muss Q nicht aus M sein.
(Lösung Abschn. 44.5)

21.6 Im Schwimmbad

In der Mitte eines quadratischen Schwimmbeckens paddelt eine vorlaute Schülerin, deren Lehrerin (die nicht schwimmen kann!) an einer Ecke des Pools steht. Die freche Göre ärgert ihre Aufsichtsperson mit einigen schnippischen Bemerkungen. Die droht ihr daraufhin eine Zurechtweisung an, wenn sie die Schülerin denn zu fangen bekäme. Da die Schülerin im Lauf der Zeit ermüdet, muss sie irgendwann das Becken verlassen.

Kann die Lehrerin die Schülerin ergreifen?
Hinweis: Die Lehrerin soll dabei dreimal so schnell rennen, wie das Mädchen schwimmen kann. An Land dagegen ist die Schülerin die Flinkere.
(Lösung Abschn. 44.6)

21.7 Spiralförmige Nummerierung

Im ebenen Koordinatensystem werden alle Gitterpunkte mit ganzzahligen Koordinaten „spiralförmig" durchnummeriert:

$$P_1(0|0),\ P_2(1|0),\ P_3(1|1),\ P_4(0|1),\ P_5(-1|1),\ P_6(-1|0),\ \dots,\ P_{12}(2|1),\ \dots \text{ usw.}$$

a) Welche Koordinaten besitzt der Punkt P_{1997}?
b) Welche Nummer x hat der Punkt $P_x(1997|1998)$?
c) Bestimme für $P_n(k|k)$ die Nummer n des Punktes in Abhängigkeit von $k \in \mathbb{N}$.

(Lösung Abschn. 44.7)

21.8 Quadrate im Gitter

Es sei n eine natürliche Zahl. Wir betrachten alle Quadrate $P_1 P_2 P_3 P_4$, deren Eckpunkte $P_i(x_i|y_i)$ ganzzahlige Koordinaten x_i und y_i in einem kartesischen Koordinatensystem besitzen, die folgende Bedingungen erfüllen:

$$0 \le x_i < n \text{ und } 0 \le y_i < n \text{ für } i = 1, 2, 3, 4$$

Die Seiten der Quadrate müssen nicht parallel zu den Koordinatenachsen sein. Mit $A(n)$ sei die Anzahl solcher Quadrate bezeichnet.

Ergänze folgende Tabelle. Die Verwendung eines Computers ist nicht erlaubt.

n	1	2	3	4	5	6	7	8	9	10	1998
$A(n)$	?	?	?	20	?	?	?	?	?	825	?

Hinweis: $1^2 + 2^2 + 3^2 + \dots + n^2 = \frac{n(n+1)(2n+1)}{6}$ und $1^3 + 2^3 + 3^3 + \dots + n^3 = \frac{n^2(n+1)^2}{4}$.
(Lösung Abschn. 44.8)

Kapitel 22
Probleme aus dem Alltag

22.1 Schatzsuche

Auf einer alten Handschrift finden sich folgende verschlüsselte Hinweise auf einen vergrabenen Inselschatz. „Gehe von der Palme geraden Weges zum Weißen Felsen, drehe dich dort um 90° nach rechts und gehe dann noch einmal um dieselbe Strecke, also entsprechend der Entfernung Baum – Weißer Fels, weiter. Markiere diese Stelle durch einen Pflock. Kehre zur Palme zurück. Gehe von dort zum Schwarzen Felsen, drehe dich hier um 90° nach links und gehe wieder um dieselbe Strecke, entsprechend der Entfernung Baum – Schwarzer Fels, weiter. Schlage an dieser Stelle einen zweiten Pflock in die Erde. Grabe auf halbem Wege zwischen den Pflöcken nach dem Schatz!"

Nach Ankunft auf der Insel stellen wir fest, dass die beiden Felsen unübersehbar sind. Inzwischen sind aber viele Palmen auf dem Eiland gewachsen. So ist es also nicht mehr möglich anzugeben, welcher Baum ursprünglich bezeichnet worden ist.

Beschreibe mit Begründung, wie du die Lage des Schatzes dennoch finden kannst.
  (Lösung Abschn. 45.1)

22.2 Kirchenkunst

Ein Glaser soll ein Kirchenfenster konstruieren und benötigt dafür dreieckige Glasstücke. Hierzu steht ihm eine rechteckige Glasplatte zur Verfügung, die allerdings durch 100 bläschenartige Lufteinschlüsse verunreinigt ist. Die Luftbläschen können als punktförmig angesehen werden.

Begründe, wie viele Dreiecke sich höchstens aus der Glasplatte schneiden lassen, wenn man zusätzlich verlangt: Als Eckpunkte der Dreiecke kommen nur die Bläschen

© Springer-Verlag GmbH Deutschland, ein Teil von Springer Nature 2020
P. Jainta und L. Andrews, *Mathe ist noch viel mehr,*
https://doi.org/10.1007/978-3-662-60682-7_22

und die Ecken der Platte in Frage, aber mindestens ein Eckpunkt des Dreiecks muss ein Bläschen sein.
(Lösung Abschn. 45.2)

22.3   Militärkapelle

Eine zahlenmäßig große Militärkapelle marschiert musizierend in Reih und Glied an den Zuschauern vorbei. Zuerst ziehen die Musiker in quadratischer Formation vorüber. Auf dem Rückweg hat sich die Kapelle zu einer Rechteckaufstellung umgruppiert. Die Zahl der Reihen erhöht sich dadurch um fünf.

Finde mit Nachweis heraus, aus wie vielen Musikern die Militärband besteht.
(Lösung Abschn. 45.3)

22.4   Paul und Paula

Paula hat sich einen Schreibblock mit 96 Blatt gekauft. Sie nummeriert alle Seiten ihres Blocks fortlaufend von 1 bis 192. Paul, ihr kleinerer Bruder, reißt willkürlich 24 Blätter heraus und addiert alle 48 Seitenzahlen.

Entscheide durch eine genaue Begründung, ob die so erhaltene Summe die Jahreszahl 1995 ergeben kann!
(Lösung Abschn. 45.4)

22.5   Pizzawerbung

Ein Supermarkt hat eine hauseigene Fertigpizza im Angebot. Das Produkt wird in der Lokalzeitung beworben. Eine Auswertung der Anzeigenserie ergibt: Jedesmal nach Abdruck der Werbung verdient das Unternehmen am folgenden Tag 300 DM; am darauffolgenden Tag und an allen weiteren Tagen wird jeweils der Tagesgewinn um 5 DM zurückgehen, und zwar so lange, bis er nur noch 200 DM beträgt. Die Geschäftsleitung möchte nun Sonderanzeigen schalten.

Wie oft sollte sie in der Zeitung für ihre Pizzamarke werben lassen, damit der Tagesgewinn maximiert wird, wenn jede Anzeige 40 DM kostet?
(Lösung Abschn. 45.5)

Kapitel 23
... wieder was ganz anderes

23.1 Abwägen

Es sind 68 äußerlich ununterscheidbare Münzen gegeben, von denen aber je zwei beliebige unterschiedlich schwer sind.

Beschreibe ein Verfahren, wie man mit genau 100 Wägungen auf einer Balkenwaage herausfinden kann, welche die schwerste und welche die leichteste Münze ist.
    (Lösung Abschn. 46.1)

Abb. 23.1 Exlibris

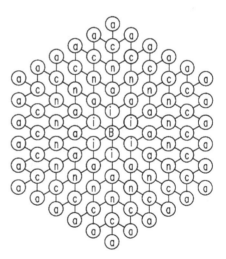

© Springer-Verlag GmbH Deutschland, ein Teil von Springer Nature 2020
P. Jainta und L. Andrews, *Mathe ist noch viel mehr,*
https://doi.org/10.1007/978-3-662-60682-7_23

23.2 Wechselkurse

Die Landeswährungen von *Dillia* und *Dallia* heißen *Diller* und *Daller.* In beiden Ländern gelten abweichende Wechselkurse:

1. *Dillia:* Ein *Diller* entspricht dem Wert von zehn *Dallers.*
2. *Dallia:* Ein *Daller* entspricht dem Wert von zehn *Dillers.*

Ein Geschäftsmann bereist beide Länder. Er besitzt anfangs einen *Diller* und kann in jedem der besuchten Länder jeweils ohne Kursverlust sein Geld in die entsprechende Landeswährung tauschen.

Beweise: Es ist nicht möglich, dass der Geschäftsreisende zu irgendeinem Zeitpunkt gleich viele *Dillers* und *Dallers* besitzt.
   (Lösung Abschn. 46.2)

23.3 Zahlen und Ziffern

Gesucht sind vier positive ganze Zahlen x, y, z und w, welche den folgenden Satz zu einer wahren Aussage machen: Dieser Satz enthält die Ziffer 1 genau x-mal, die Ziffer 2 genau y-mal, die Ziffer 3 genau z-mal und die Ziffer 4 genau w-mal.

Es ist anzugeben, auf welchem Weg die Lösung gefunden wurde.
   (Lösung Abschn. 46.3)

23.4 Exlibris

In einer niederländischen Zeitschrift war das Exlibris (Abb. 23.1) abgebildet, das der holländische Graphiker W. van Strens für seine Tochter entworfen hat. Ein Exlibris ist ein auf die Innenseite des vorderen Buchdeckels geklebter, künstlerisch gestalteter Zettel mit einem Hinweis auf den Eigentümer.

Auf wie viele Arten lässt sich in der Abbildung nun der Name Bianca lesen?
   Hinweis: Es ist eine Methode zu beschreiben, wie man ohne mühsames Auszählen die Anzahl der Lesemöglichkeiten relativ schnell bestimmen kann.
   (Lösung Abschn. 46.4)

23.5 Bunte Frösche

Auf einer abgelegenen Insel leben 50 braune, 57 grüne, 62 gelbe und 68 rote Frösche. Immer, wenn sich drei Frösche unterschiedlicher Farbe begegnen, verwandeln sie sich in zwei Exemplare der vierten Farbe. Irgendwann hat man festgestellt, dass alle verbliebenen Frösche der Insel gleiche Farbe haben.

Bestimme, wie viele Frösche noch auf dem seltsamen Eiland leben und welche Farbe sie haben!

(Lösung Abschn. 46.5)

Teil IV
Lösungen

Kapitel 24
Zahlenquadrate und Verwandte

24.1 L-1.1 Magisches Produkt (050313)

a) Es gibt $3 \cdot 2 \cdot 1 = 6$ verschiedene Vertauschungsmöglichkeiten der Spalten und ebenso viele bei den Zeilen. Die Gesamtzahl der verschiedenen Quadrate beträgt also $6 \cdot 6 = 36$.

b) Wir verdoppeln z. B. alle Einträge.

24.2 L-1.2 Quadratelei (050512)

Wir zählen ab, wie viele 1×1-Quadrate, 2×2-Quadrate, . . . , 8×8-Quadrate jeweils in dem 8×8-Quadratgitter enthalten sind:

	Anzahl waagerecht	Anzahl senkrecht	Anzahl gesamt
1×1	8	8	64
2×2	7	7	49
3×3	6	6	36
4×4	5	5	25
5×5	4	4	16
6×6	3	3	9
7×7	2	2	4
8×8	1	1	1
Summe			204

Wir finden somit 204 solcher Quadrate.

© Springer-Verlag GmbH Deutschland, ein Teil von Springer Nature 2020
P. Jainta und L. Andrews, *Mathe ist noch viel mehr,*
https://doi.org/10.1007/978-3-662-60682-7_24

24.3   L-1.3 6 aus 25 (050522)

Wir können z. B. die Zahlen 4, 5, 6, 10, 11, 14 ankreuzen. Dabei sind in der ersten, zweiten und dritten Zeile und in der ersten, vierten und fünften Spalte genau zwei Zahlen, in den restlichen Zeilen und Spalten keine Zahlen angekreuzt. Darf man nur ungerade Zahlen ankreuzen (hier fett gedruckt), gibt es sechs Lösungen (Abb. 24.1, obere Zeile).

Darf man nur gerade Zahlen ankreuzen, gibt es keine Lösung. Für eine Lösung benötigt man mindestens drei Zeilen (oder Spalten), in denen sich jeweils drei Zahlen befinden. Abb. 24.1 (unten) enthält aber nur zwei Zeilen oder nur zwei Spalten mit drei Zahlen. Deshalb gibt es keine Lösung.

Lösung 1

1	2	**3**	4	**5**
6	7	8	9	10
11	12	13	14	**15**
16	17	18	19	20
21	22	**23**	24	25

Lösung 2

1	2	**3**	4	**5**
6	7	8	9	10
11	12	**13**	14	15
16	17	18	19	20
21	22	23	24	**25**

Lösung 3

1	2	3	4	**5**
6	7	8	9	10
11	12	**13**	14	**15**
16	17	18	19	20
21	22	**23**	24	25

Lösung 4

1	2	3	4	**5**
6	7	8	9	10
11	12	**13**	14	15
16	17	18	19	20
21	22	**23**	24	**25**

Lösung 5

1	2	**3**	4	5
6	7	8	9	10
11	12	**13**	14	**15**
16	17	18	19	20
21	22	23	24	**25**

Lösung 6

1	2	**3**	4	5
6	7	8	9	10
11	12	13	14	**15**
16	17	18	19	20
21	22	**23**	24	**25**

Gerade Zahlen (keine Lösung)

	2		4	
6		8		10
	12		14	
16		18		20
	22		24	

Abb. 24.1   6 aus 25

Kapitel 25
Alles mit und um Zahlen

25.1 L-2.1 1617 als Produkt (050221)

Es gilt $1617 = 3 \cdot 7 \cdot 7 \cdot 11 = 21 \cdot 77 = 33 \cdot 49$. So erhalten wir für die gesuchte Summe den Wert $2177 + 7721 + 3339 + 4933 = 181180$.

25.2 L-2.2 Tiefer gelegt (050412)

Wir bauen die Addition z. B. von rechts auf:

$$
\begin{array}{r}
2 \ldots \ldots \ldots 33555 \\
+\, 3 \ldots \ldots \ldots 52222 \\
\hline
555778. \,.85777
\end{array}
$$

Es folgt $x = 4$, $y = 3$. Also hat die Addition folgende Form:

$$
\begin{array}{r}
2 \ldots \ldots 23333555 \\
+\, 3 \ldots \ldots \ldots 52222 \\
\hline
555778. \,.85777
\end{array}
$$

Damit sich links im Ergebnis zwei Ziffern 7 ergeben, muss $w = 5$ sein:

$$
\begin{array}{r}
222223333555 \\
+\, 333555552222 \\
\hline
555778885777
\end{array}
$$

Schließlich folgt $z = 3$ und somit $2_5 3_4 5_3 + 3_3 5_5 2_4 = 5_3 7_2 8_3 5_1 7_3$.

© Springer-Verlag GmbH Deutschland, ein Teil von Springer Nature 2020
P. Jainta und L. Andrews, *Mathe ist noch viel mehr*,
https://doi.org/10.1007/978-3-662-60682-7_25

25.3   L-2.3 Spiegelzahlen (050413)

Dreistellige Spiegelzahlen haben die Form xyx mit x von 1 bis 9, y von 0 bis 9. Es gibt also 90 dreistellige Spiegelzahlen. Nun berechnen wir ihre Summe:

$$(101 + 111 + 121 + 131 + \ldots + 191) + (202 + 212 + 222 + \ldots + 292) + \ldots + 999$$

$$= (101 + 101 + 10 + 101 + 20 + 101 + 30 + \ldots + 101 + 90) + (202 + 202 + 10 + 202 + 20 + \ldots + 202 + 90) + \ldots$$
$$= 10 \cdot 101 + 10 \cdot (1 + 2 + 3 + 4 + 5 + 6 + 7 + 8 + 9) + 10 \cdot 202 + 10 \cdot (1 + 2 + 3 + 4 + 5 + 6 + 7 + 8 + 9) + \ldots$$
$$= 10 \cdot 101 + 10 \cdot 45 + 10 \cdot 202 + 10 \cdot 45 + \ldots 10 \cdot 909 + 10 \cdot 45$$
$$= 10 \cdot 101 \cdot (1 + 2 + 3 + 4 + 5 + 6 + 7 + 8 + 9) + 10 \cdot 45 \cdot 9$$
$$= 10 \cdot 101 \cdot 45 + 10 \cdot 45 \cdot 9 = 45450 + 4050 = 49500.$$

Vierstellige Spiegelzahlen haben die Form $xyyx$ mit x von 1 bis 9, y von 0 bis 9. Es gibt ebenfalls 90 vierstellige Spiegelzahlen. Ihre Summe ergibt sich aus:

$$(1001 + 1111 + 1221 + 1331 + \ldots + 1991) + (2002 + 2112 + \ldots) + \ldots 9999 =$$

$$= (1001 + 1001 + 110 + 1001 + 220 + \ldots + 1001 + 990) + (2002 + 2002 + 110 + \ldots + 2002 + 990) + \ldots$$
$$= 10 \cdot 1001 + 110 \cdot (1 + 2 + 3 + 4 + 5 + 6 + 7 + 8 + 9) + 10 \cdot 2002 + 110 \cdot (1 + 2 + 3 + 4 + 5 + 6 + 7 + 8 + 9) + \ldots$$
$$= 10 \cdot 1001 \cdot (1 + 2 + 3 + 4 + 5 + 6 + 7 + 8 + 9) + 110 \cdot 45 \cdot 9$$
$$= 10 \cdot 1001 \cdot 45 + 110 \cdot 45 \cdot 9 = 450450 + 44550 = 495000$$

25.4   L-2.4 Zahl aus Resten (050311)

Es gilt $350 = 320 + 30$. Die Differenz der Reste ist $14 - 5 = 9$. Daher muss 30 bei der Division durch die gesuchte Zahl den Rest 9 lassen. Die gesuchte Zahl ist sicher größer als 14. Es gilt: 30 lässt bei der Division durch k mit $k = 15, 16, 17, \ldots, 29, 30$ die Reste $0, 14, 13, \ldots, 1, 0$. Für $k = 21$ ist der entsprechende Rest 9. Die gesuchte Zahl ist demnach 21.

Probe: $320 \div 21 = 15$ Rest 5; $350 \div 21 = 16$ Rest 14.

25.5   L-2.5 Eine besondere Zahl (050321)

Die Summe aller Ziffern ergibt die Anzahl aller Ziffern, nämlich zehn. Das schließt Lösungen mit vielen großen Ziffern aus. Von hinten her wird die Zahl mit Ziffern besetzt, wobei sich die eindeutige Lösung 6210001000 ergibt. Alle anderen Besetzungen führen zu Widersprüchen.

25.6   L-2.6 Alles quer (050513)

$14 = 2 \cdot 7$, aber $2 + 7 = 9$, nicht 12. Das Querprodukt muss um drei Faktoren 1 ergänzt werden:

$$14 = 1 \cdot 1 \cdot 1 \cdot 2 \cdot 7, 1 + 1 + 1 + 2 + 7 = 12$$

Die gesuchten Zahlen sind durch 16 teilbar, also gerade. Als Einerziffer kommt daher nur die 2 in Frage, nicht 1 oder 7. Von den vier Zahlen 71112, 17112, 11712 und 11172 ist nur 11712 durch 16 teilbar.

Probe: $1 + 1 + 7 + 1 + 2 = 12$; $1 \cdot 1 \cdot 1 \cdot 7 \cdot 1 \cdot 2 = 14$; $11712 \div 16 = 732$.

25.7 L-2.7 Zahlenhacken (050523)

Wir teilen 279 durch 9 und erhalten als mittlere Zahl 31, die immer gleich sein muss, damit man auf der einen Seite etwas weglassen und auf der anderen Seite etwas hinzufügen kann. Mögliche Zerlegungen sind:

$$279 = 31 + 31 + 31 + 31 + 31 + 31 + 31 + 31 + 31 \quad \text{(Unterschied 0)}$$
$$279 = 27 + 28 + 29 + 30 + 31 + 32 + 33 + 34 + 35 \quad \text{(Unterschied 1)}$$
$$279 = 23 + 25 + 27 + 29 + 31 + 33 + 35 + 37 + 39 \quad \text{(Unterschied 2)}$$
$$279 = 19 + 22 + 25 + 28 + 31 + 34 + 37 + 40 + 43 \quad \text{(Unterschied 3)}$$
$$279 = 15 + 19 + 23 + 27 + 31 + 35 + 39 + 43 + 47 \quad \text{(Unterschied 4)}$$
$$279 = 11 + 16 + 21 + 26 + 31 + 36 + 41 + 46 + 51 \quad \text{(Unterschied 5)}$$
$$279 = 7 + 13 + 19 + 25 + 31 + 37 + 43 + 49 + 55 \quad \text{(Unterschied 6)}$$
$$279 = 3 + 10 + 17 + 24 + 31 + 38 + 45 + 52 + 59 \quad \text{(Unterschied 7)}$$

Es gibt keine weiteren Zerlegungen, weil bei einem noch größeren Unterschied als 7 der erste Summand keine natürliche Zahl darstellt.

25.8 L-2.8 Eine große Zahl (050611)

Die Ausgangszahl wird zusammengesetzt aus neun einstelligen und den 90 zweistelligen Zahlen 10 bis 99 sowie aus einer dreistelligen Zahl (100). Also enthält die Ausgangszahl $9 + 2 \cdot 90 + 3 = 192$ Ziffern. Somit besteht die verbleibende Zahl aus 92 Ziffern. Damit die verbleibende Zahl möglichst groß wird, muss an möglichst vielen Anfangsstellen die Ziffer 9 stehen. Wir streichen deshalb die Ziffern von 1 bis 8 (acht Ziffern), dann die Ziffern der Zahlen 10 bis 18 und die 1 von 19 ($18 + 1$ Ziffern), dann die Ziffern der Zahlen 20 bis 28 und die 2 von 29 ($18 + 1$ Ziffern), dann die Ziffern der Zahlen 30 bis 38 und die 3 von 39 ($18 + 1$ Ziffern) und schließlich noch die Ziffern der Zahlen 40 bis 48 und die 4 von 49 ($18 + 1$ Ziffern). Bis jetzt wurden $8 + 4 \cdot 19 = 84$ Ziffern gestrichen, wodurch die Ziffer 9 fünfmal erhalten bleibt.

Es entsteht zunächst eine Zahl der Form 9999950515253545556575859 ... 99100.

Da noch genau 16 Ziffern gestrichen werden müssen, wird die Zahl genau dann möglichst groß, wenn man von den folgenden Zahlen 50 bis 58 alle Ziffern außer 7 und 8 streicht. Insgesamt erhält man somit die Zahl 999997859606162...9899100.

25.9 L-2.9 Einerziffer (050623)

Multipliziert man zwei oder mehrere Zahlen, die alle die Einerziffer 1 bzw. 5 bzw. 6 haben, miteinander, so hat das Produkt wegen $1 \cdot 1 = 1$ bzw. $5 \cdot 5 = 25$ bzw. $6 \cdot 6 = 36$ auch wieder die Einerziffer 1 bzw. 5 bzw. 6.

Zuerst bestimmt man die Einerziffer von 2^{1998}. Es ist

$$2^{1998} = 2 \cdot 2 \cdot 2 \cdots 2 = (2 \cdot 2 \cdot 2 \cdot 2) \cdot (2 \cdot 2 \cdot 2 \cdot 2) \cdots (2 \cdot 2 \cdot 2 \cdot 2) \cdot (2 \cdot 2)$$

ein Produkt aus 1998 Faktoren, von denen sich $1996 = 499 \cdot 4$ in 499 Produkte zu je vier Faktoren zerlegen lässt. Wegen $2 \cdot 2 \cdot 2 \cdot 2 = 16$ hat das Produkt dieser Faktoren wieder die Einerziffer 6. Da $6 \cdot 2 \cdot 2 = 24$, muss 2^{1998} die Einerziffer 4 haben. Auf die gleiche Weise kann man die Einerziffer von 3^{1998} bestimmen. Es ist

$$3^{1998} = 3 \cdot 3 \cdot 3 \cdots 3 = (3 \cdot 3 \cdot 3 \cdot 3) \cdot (3 \cdot 3 \cdot 3 \cdot 3) \cdots (3 \cdot 3 \cdot 3 \cdot 3) \cdot (3 \cdot 3).$$

Wegen $3 \cdot 3 \cdot 3 \cdot 3 = 81$ hat das Produkt der ersten 1996 Faktoren die Einerziffer 1. Da $1 \cdot 3 \cdot 3 = 9$, muss 3^{1998} die Einerziffer 9 haben. Da die Zahl 5^{1998} die Einerziffer 5 haben muss, ergibt sich wegen $4 + 9 + 5 = 18$ für die Zahl n die Einerziffer 8.

25.10   L-2.10 Eine Milliarde (050711)

Die Zahl 1 000 000 000 enthält nur die Primfaktoren 2 und 5:

$$1\,000\,000\,000 = 2 \cdot 2 \cdot 2 \cdot 2 \cdot 2 \cdot 2 \cdot 2 \cdot 2 \cdot 2 \cdot 5 \cdot 5 \cdot 5 \cdot 5 \cdot 5 \cdot 5 \cdot 5 \cdot 5 \cdot 5 = 2^9 \cdot 5^9$$

Enthält eine Zahl gleichzeitig die Teiler 2 und 5, so ist sie auch durch 10 teilbar und besitzt deshalb die Einerziffer 0. Also darf keiner der beiden Faktoren gleichzeitig 2 und 5 als Teiler haben. Dies ist nur möglich, wenn der eine Faktor nicht durch 5 und der andere Faktor nicht durch 2 teilbar ist:

$$2 \cdot 2 \cdot 2 \cdot 2 \cdot 2 \cdot 2 \cdot 2 \cdot 2 \cdot 2 = 2^9 = 512$$
$$5 \cdot 5 \cdot 5 \cdot 5 \cdot 5 \cdot 5 \cdot 5 \cdot 5 \cdot 5 = 5^9 = 1953125$$

Also gibt es zwei Zahlen, die die geforderte Bedingung erfüllen.

25.11   L-2.11 Halbe Quersumme (050721)

Sei x die Tausenderziffer, y die Hunderterziffer und z die Einerziffer der vierstelligen Zahl. Wegen der gegebenen Bedingung muss gelten:

- Für $x = 1$: $z = y + 1$, da $z \leq 9$, kann y eine der Ziffern von 0 bis 8 sein, d.h., es gibt neun Möglichkeiten.
- Für $x = 2$: $z = y + 2$, da $z \leq 9$, kann y eine der Ziffern von 0 bis 7 sein, d.h., es gibt acht Möglichkeiten.
- Für $x = 3$: $z = y + 3$, da $z \leq 9$, kann y eine der Ziffern von 0 bis 6 sein, d.h., es gibt sieben Möglichkeiten.
- $\ldots$
- Für $x = 9$: $z = y + 9$, da $z \leq 9$, kann y nur die Ziffer 0 sein, d.h., es gibt eine Möglichkeit.

Für die Zehnerstelle gibt es jeweils genau zehn Möglichkeiten. Also gibt es insgesamt $(9 + 8 + 7 + 6 + 5 + 4 + 3 + 2 + 1) \cdot 10 = 450$ solche Zahlen.

25.12   L-2.12 Null bis Neun gleich Hundert (050722)

Anjas Lösung könnte wie folgt ausgesehen haben:

$$0 + (1 + 2) \cdot 3 + 4 \cdot (5 + 6) + 7 \cdot 8 - 9 = 100; \quad (5 \cdot 1 + 3 \cdot 2 + 1 \cdot 3 = 14)$$

Genau zehn Punkte ergeben folgende Lösungen:

$$0 + 1 + 2 + 3 + 4 + 5 + 6 + 7 + 8 \cdot 9 = 100$$
$$0 + 1 + (2 + 3) \cdot (4 + 5 + 6) + 7 + 8 + 9 = 100$$

Beispiele für Lösungen mit höherer Punktzahl:

$$0 \div 1 \div 2 \div 3 + 4 + 5 \cdot (6 + 7 + 8) - 9 = 100; \quad (21 \text{ Punkte})$$
$$0 \div 1 + [(2 + 3) \cdot 4 \div 5] \cdot (6 \cdot 7 - 8 - 9) = 100; \quad (22 \text{ Punkte})$$
$$0 \div 1 \div 2 \div 3 \div 4 + 5 + (6 + 7) \cdot 8 - 9 = 100; \quad (24 \text{ Punkte})$$

Kapitel 26
Kombinieren und geschicktes Zählen

26.1 L-3.1 Mannschaftstrikots (050211)

a) Mit drei Farben, etwa Blau, Gelb und Rot, lassen sich nur neun verschiedene Farbkombinationen bilden, nämlich *bb, bg, br, gb, gg, gr, rb, rg, rr.*
Zur Unterscheidung von zehn Mannschaften reichen drei Farben nicht aus. Fügen wir jedoch eine weitere Farbe, etwa Weiß, hinzu, so lassen sich zehn Mannschaften auseinanderhalten. Dann gibt es zu den bisherigen neun Zusammenstellungen noch mindestens eine weitere, etwa *ww*. Die kleinste Anzahl von Farben ist demnach vier.

b) Drei Farben reichen offensichtlich nicht aus. Mit vier Farben haben wir zur Unterscheidung von zehn Mannschaften folgende Zusammenstellungen zur Verfügung: *bg, br, bw, gb, gr, gw, rb, rg, rw, wb, wg, wr.*
Das ist offenbar ausreichend. Die kleinste Anzahl ist somit auch hier vier.

26.2 L-3.2 Lettern (050213)

Dass die Lettern nicht ausreichen, erkennen wir, wenn wir die benötigte Stückzahl für Lettern mit der Ziffer 6 ermitteln, denn für diese Ziffer liegt die kleinste verfügbare Stückzahl 300 vor:

- An der Einerstelle wird die Ziffer 6 jeweils einmal für die Zahlen 1–10, 11–20, ... , 1011–1020 gebraucht, also insgesamt 102-mal.
- An der Zehnerstelle wird die Ziffer 6 jeweils zehnmal für die Zahlen 60–69, 160–169, ... , 960–969 benötigt, also insgesamt 100-mal.
- An der Hunderterstelle wird die Ziffer 6 ebenfalls 100-mal gebraucht, nämlich für die Zahlen 600, 601, ... , 699.

Es würden demnach für die Ziffer 6 insgesamt 302 Lettern benötigt.

© Springer-Verlag GmbH Deutschland, ein Teil von Springer Nature 2020
P. Jainta und L. Andrews, *Mathe ist noch viel mehr,*
https://doi.org/10.1007/978-3-662-60682-7_26

26.3   L-3.3 Seitenzahlen (050421)

Für die Seiten 1 bis 9 benötigt man neun Ziffern, für die Seiten 10 bis 99 weitere 180 Ziffern, für die Seiten 100 bis 999 zusätzlich 2 700 Ziffern. Für die vierstelligen Seiten verbleiben 3 988 Ziffern, also gibt es 997 vierstellige Seitenzahlen, nämlich von 1 000 bis 1 996. Das Buch hat demnach 1 996 Seiten.

26.4   L-3.4 Dicke Schinken (050621)

Für die Seiten 1 bis 9 benötigt man neun Ziffern, für die Seiten 10 bis 99 genau $90 \cdot 2 = 180$ Ziffern, für die Seiten 100 bis 999 genau $900 \cdot 3 = 2\,700$ Ziffern, für die Seiten 1 000 bis 1 998 genau $999 \cdot 4 = 3\,996$ Ziffern. Für die Seiten 1 bis 1 998 werden deshalb $9 + 180 + 2\,700 + 3\,996 = 6\,885$ Ziffern benötigt.

Für ein Buch mit 99 Seiten werden 189, für ein Buch mit 999 Seiten 2 889 Ziffern benötigt. Da $189 < 1\,998 < 2\,898$ ist, muss die Seitenzahl des zweiten Buches aus drei Ziffern bestehen. Für die dreistelligen Seitenzahlen werden deshalb $1\,998 - 189 = 1\,809$ Ziffern benötigt, was einer Seitenzahl von $1\,809 \div 3 = 603$ entspricht. Also hat das Buch insgesamt $99 + 603 = 702$ Seiten.

26.5   L-3.5 Handschuhe im Dunkel (050511)

Mr. Glovemaker muss mindestens 17 linke und einen rechten Handschuh (oder umgekehrt) herausnehmen. Nimmt Mr. Glovemaker nur 16 linke (bzw. rechte) Handschuhe, könnten diese im ungünstigsten Fall alle dieselbe Farbe haben. Nimmt er einen weiteren linken Handschuh, so müssen sich unter den 17 ausgewählten linken Handschuhen mindestens zwei befinden, die verschiedene Farben haben. Deshalb genügt das Ziehen eines weiteren rechten (bzw. linken) Handschuhs, um ein Paar gleichfarbige passende Handschuhe zu erhalten.

26.6   L-3.6 Mathekaro (060722)

Trägt man in die Felder einer leeren Kästchenfigur die Anzahl der erlaubten Wege vom Zentrum M bis zu diesem Feld, so erhält man das Ergebnis wie in Abb. 26.1 zu sehen. Die Gesamtzahl der Wege (= Anzahl der Lesemöglichkeiten) ergibt sich nun aus der Summe der Zahlen in den Randkästchen. Es gibt 60 Lesemöglichkeiten.

Abb. 26.1 Mathekaro

Kapitel 27
Was zum Tüfteln

27.1 L-4.1 Buntes Muster (050212)

Eine mögliche Färbung der geforderten Art zeigt Abb. 27.1 (hellgrau = gelb, mittel-grau = blau, schwarz = rot).

Abb. 27.1 Buntes Muster

27.2 L-4.2 Kryptogramme (050423)

Wegen $646 = 2 \cdot 17 \cdot 19$ lautet die erste Zeile $646 \div 19 = 34$. Daher hat die letzte Spalte die Form $34 - h06 = h40$. Dabei soll h die Hunderterstelle bezeichnen.

a) 2. Zeile: $1xy - 20 = h06$ ist nur für $h = 1$ möglich. Die 2. Zeile lautet also $126 - 20 = 106$. Die 3. Zeile ergibt sich zu $520 - 380 = 140$.
   Bemerkung: Das Problem ist überbestimmt. Auch wenn die Null rechts unten nicht bekannt wäre, ergäbe sich bereits eindeutig die obige Lösung.

b) Für die mittlere Zeile und die mittlere Spalte sind 10, 20, 30, 40 und 50 möglich. Für 10 erhält man:

© Springer-Verlag GmbH Deutschland, ein Teil von Springer Nature 2020
P. Jainta und L. Andrews, *Mathe ist noch viel mehr,*
https://doi.org/10.1007/978-3-662-60682-7_27

$$6\;4\;6\;:\quad 1\;9\;=\quad 3\;4$$
$$-\qquad\quad *\qquad\quad +$$
$$h\;1\;6\;-\quad 1\;0\;=\;h\;0\;6$$
$$=\qquad\quad =\qquad\quad =$$
$$\boxed{\;?\;}\;-\;1\;9\;0\;=\;h\;4\;0$$

Kombination der ersten Spalte mit der dritten Zeile liefert $(646 - h16) - 190 = h40$. Probieren von $h = 1$ bis 9 (oder Gleichung lösen) liefert $h = 2$. Setzt man in die Mitte 20, erhält man analog $h = 1$, also die Lösung aus a). Setzt man in die Mitte 30, erhält man $h = 0$; das scheidet als Lösung aber aus. Auch für 40 und 50 erhält man keine Lösung. Es gibt also nur folgende Lösungen:

$$6\;4\;6\;:\quad 1\;9\;=\quad 3\;4 \qquad\qquad 6\;4\;6\;:\quad 1\;9\;=\quad 3\;4$$
$$-\qquad\quad *\qquad\quad + \qquad\qquad\qquad -\qquad\quad *\qquad\quad +$$
$$2\;1\;6\;-\quad 1\;0\;=\;2\;0\;6 \qquad\quad 1\;2\;6\;-\quad 2\;0\;=\;1\;0\;6$$
$$=\qquad\quad =\qquad\quad = \qquad\qquad\qquad =\qquad\quad =\qquad\quad =$$
$$4\;3\;0\;-\;1\;9\;0\;=\;2\;4\;0 \qquad\quad 5\;2\;0\;-\;3\;8\;0\;=\;1\;4\;0$$

27.3   L-4.3 Sanduhren (050521)

Herr Geizhals kann die Zeiträume 8 min, 16 min, 24 min ... mit den beiden Uhren messen. Mit Beginn des Gesprächs lässt er beide Uhren laufen. Ist die 3-min-Uhr abgelaufen, wird sie umgedreht. Nach 6 min ist sie das zweite Mal abgelaufen und wird nochmals umgedreht. Sobald nach einer weiteren Minute die 7-min-Uhr abgelaufen ist, wird die 3-min-Uhr erneut umgedreht, und der Sand für 1 min läuft wieder zurück. Nach 8 min befinden sich also beide Uhren wieder im Ausgangszustand. Für 16 min, 24 min ... kann Herr Geizhals den Vorgang wiederholen.

27.4   L-4.4 Streichhölzerrechteck (050613)

a) Anja kann maximal 27 Hölzchen wegnehmen. In Abb. 27.2 ist ein möglicher (nummerierter) Weg angegeben.
b) Anja nimmt 26 Hölzchen so weg, dass fünf einzeln liegende Hölzchen übrig bleiben, z. B. 1 bis 26. Nun kann abwechselnd nur je eines genommen werden, wobei Iris das erste, das dritte und das fünfte und damit das letzte Hölzchen nehmen muss.

Abb. 27.2 Streichhölzerrechteck

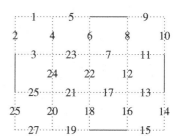

27.5 L-4.5 Münzpaare (050622)

Franz nummeriert die Münzen von 1 bis 8:

Dann legt er z. B. 5 auf 2, 3 auf 7, 4 auf 1 und 6 auf 8. Hat Franz mehr als acht Münzen, zum Beispiel 1998, so kann er die Zahl der Münzen, aus denen er Paare bilden soll, auf folgende Weise um zwei reduzieren: Er legt vom Anfang der Reihe aus gesehen die vierte Münze auf die erste und erhält damit ein Paar, das ganz am Anfang liegt. Die Anzahl der restlichen nebeneinanderliegenden Münzen ist um zwei geringer als zu Beginn. Franz setzt dieses Verfahren jeweils mit den restlichen Münzen so lange fort, bis nur noch acht nebeneinanderliegende Münzen übrig bleiben, für die er eine Lösung kennt.

27.6 L-4.6 Streichhölzerquadrate (050712)

Wir betrachten Abb. 27.3. Für die 1 m lange Seite des auszulegenden Quadrats benötigen wir 20 Streichhölzer. Für die 21 senkrecht auszulegenden Linien benötigt man deshalb 21 · 20 Streichhölzer. Für die 21 waagerecht auszulegenden Linien

Abb. 27.3 Streichhölzerquadrate

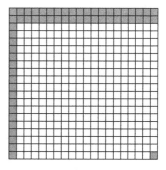

benötigt man ebenfalls $21 \cdot 20$ Streichhölzer. Also braucht Carla $21 \cdot 20 + 21 \cdot 20 = 420 + 420 = 840$ Streichhölzer.

Um möglichst wenige der ausgelegten Quadrate zu zerstören, muss sie Streichhölzer der Randquadrate entfernen. So kann z. B. die oberste Reihe von 20 Randquadraten durch Wegnehmen von $20 + 21 = 41$ Streichhölzern entfernt werden. Gleiches gilt für für nächste Reihe der 20 neuen Randquadrate (genauso gut könnte man auch die unterste Reihe nehmen).

Als Nächstes kann die erste Spalte links mit den verbliebenen 18 Randquadraten durch Wegnehmen von $19 + 18 = 37$ Streichhölzern entfernt werden. Von den 121 Streichhölzern sind jetzt noch $121 - 82 - 37 = 2$ zu entfernen. Carla nimmt diese an einer verbliebenen Ecke weg und löst damit nochmals ein Quadrat auf. Insgesamt wurden also $20 + 20 + 18 + 1 = 59$ Quadrate zerstört, d. h., es bleiben $400 - 59 = 341$ Quadrate übrig.

Kapitel 28
Logisches und Spiele

28.1 L-5.1 Das Geheimnis der Schwestern (050222)

Die Zahl ist 8 oder 9, sonst wären Sabines Aussagen beide falsch. Die Zahl ist nicht 9, sonst wären Susannes Aussagen beide richtig. Die gesuchte Zahl ist also 8.

Probe Die erste Aussage von Susanne ist richtig (8 > 5), und ihre zweite Aussage ist falsch, da 4 | 8 gilt. Die erste Aussage von Sabine ist falsch, da 8 nicht größer als 8 ist. Ihre zweite Aussage ist richtig, da 8 der Nachfolger von 7 ist.

28.2 L-5.2 Mädchen aus der Nachbarschaft (050223)

Wir bezeichnen die Namen der Mädchen mit A, B, C und D. Aus Bedingung (3) folgt, dass C und D in Nr. 26 und in Nr. 27 wohnen. Daraus folgt, dass A und B in Nr. 23 und in Nr. 24 wohnen. Es gibt somit vier Möglichkeiten:

	A	B	C	D
Möglichkeit 1	23	24	26	27
Möglichkeit 2	24	23	26	27
Möglichkeit 3	24	23	27	26
Möglichkeit 4	23	24	27	26

Wegen Bedingung (1) scheiden die Möglichkeiten 3 und 4 aus, wegen Bedingung (2) scheiden die Möglichkeiten 2 und 3 aus. Es bleibt Möglichkeit 1. Anke wohnt in Nr. 23, Beate in Nr. 24, Clara in Nr. 26 und Doris in Nr. 27.

© Springer-Verlag GmbH Deutschland, ein Teil von Springer Nature 2020
P. Jainta und L. Andrews, *Mathe ist noch viel mehr*,
https://doi.org/10.1007/978-3-662-60682-7_28

28.3   L-5.3 Professorensöhne (050323)

Die Zerlegung von 36 in drei Faktoren liefert:

$36 =$	Summe der Faktoren
$1 \cdot 1 \cdot 36$	38
$1 \cdot 2 \cdot 18$	21
$1 \cdot 3 \cdot 12$	16
$1 \cdot 4 \cdot 9$	14
$1 \cdot 6 \cdot 6$	13
$2 \cdot 2 \cdot 9$	13
$2 \cdot 3 \cdot 6$	11
$3 \cdot 3 \cdot 4$	10

Das Datum (die Summe der Faktoren) ist uns (noch) nicht bekannt, aber den drei Professoren. Da für sie die Aufgabe noch nicht eindeutig lösbar ist, muss das Gespräch am 13. des Monats stattfinden. Diese Summe kommt in der Tabelle zweimal vor. Die Zusatzbedingung „jüngstes Kind" liefert die Lösung $1 - 6 - 6$ für das Alter der Kinder.

28.4   L-5.4 Essensausgabe (050422)

Wir bezeichnen Jungen mit J, Mädchen mit M. Die Lösungen lauten MJMJJJM und MJJJMJM. (Da die Lösungen durch Spiegelung auseinander hervorgehen, ist es egal, ob die Essensausgabe links oder rechts gedacht ist.)
   Begründung für die Nichtexistenz weiterer Lösungen:

- Nach (2) gibt es einen Block der Form MJM. Angenommen, dieser liegt im Inneren der Siebenerkette. Dann gibt es eine Gruppe der Form XMJMY. Wegen (1) müssen X und Y Jungen sein. Dann gibt es eine Gruppe der Form JMJMJ, also zwei Gruppen der Form JMJ im Widerspruch zu (3). Also muss der MJM-Block am Rand der Siebenergruppe stehen.
- Nach (4) gibt es eine JJJ-Gruppe. Angenommen, diese steht auch am Rand. Dann hätte die ganze Anordnung die Form MJMXJJJ oder JJJXMJM. X = J widerspricht (4), X = M widerspricht (1). Also steht die JJJ-Gruppe nicht am Rand.

Es bleiben die Möglichkeiten MJMJJJX bzw. XJJJMJM. X = J widerspricht (4). X = M führt zu den obigen Lösungen.

28.5 L-5.5 Der Fruchtdetektiv (060713)

Nach Utes Aussage hat nur eine der beiden weiblichen Familienmitglieder genascht.

- Annahme 1: Mutter hat genascht.
  Dann hat Ute keine Früchte probiert. Nach Peters Aussage muss also Peter geschleckt haben, was aber der Aussage der Mutter widerspricht, denn Mutter und Peter hätten nun beide geschleckt. Also ist die erste Annahme falsch.
- Annahme 2: Ute hat genascht.
  Dann hat Mutter nicht genascht, weshalb nach ihrer Aussage Peter Früchte stibitzt hat. Demnach waren Ute und Peter die Übeltäter. Dies widerspricht auch nicht der Aussage von Peter.

28.6 L-5.6 Elternversammlung (060721)

Die Anzahl der Mütter übersteigt die der Väter um 6, weshalb 6 einzelne Mütter mehr als einzelne Väter anwesend sein müssen. Weil mindestens ein einzelner Vater und höchstens sieben einzelne Mütter kamen, sind in der Versammlung genau sieben einzelne Mütter und ein einzelner Vater anwesend.

Dieser Vater vertritt einen Jungen und ein Mädchen, also ein Geschwisterpaar der Klasse. Weiterhin sind $19 - 1 = 18$ Väter zusammen mit den jeweiligen Müttern für insgesamt 19 Kinder gekommen, weshalb ein Elternpaar zwei Kinder vertreten muss. In der Klasse befinden sich insgesamt also zwei Geschwisterpaare.

Bemerkung Wer so gerechnet hat:

$$[(10 + 9) \cdot 2 + 3 + 4 + 1 + 1] - [19 + 25] = 3 \text{ Geschwisterpaare},$$

hat nicht berücksichtigt, dass von einem Geschwisterpaar auch beide Eltern kamen, also bei der ersten Klammer doppelt gezählt wurden.

Kapitel 29
Geometrisches

29.1   L-6.1 Das M und die Dreiecke (050322)

Abb. 29.1 zeigt drei Geraden, die neun Dreiecke der geforderten Art bilden.

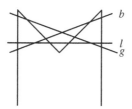

Abb. 29.1 M und die Dreiecke

29.2   L-6.2 Quadratzerlegung (050723)

Abb. 29.2 zeigt Lösungen mit elf, zwölf und 13 Teilquadraten sowie Quadrate, in denen jeweils höchstens drei gleich große Teilquadrate sowohl mit neun Teilquadraten als auch mit zehn Teilquadraten vorkommen.

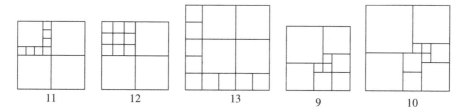

Abb. 29.2 Quadratzerlegung

Kapitel 30
Alltägliches

30.1 L-7.1 Siegerpreise (050312)

Von jeder Sorte wurde mindestens ein Preis vergeben. Also erhielten zunächst fünf Sieger Preise im Wert von $10 + 20 + 30 + 40 + 50 = 150$ DM. Für die restlichen zehn Gewinner blieben noch 100 DM. Sie konnten also nur noch Preise zu je 10 DM erhalten. Insgesamt wurden somit elf Preise im Wert von 10 DM verteilt.

Probe: $11 \cdot 10 + 1 \cdot 20 + 1 \cdot 30 + 1 \cdot 40 + 1 \cdot 50 = 110 + 20 + 30 + 40 + 50 = 250$ DM. $11 + 1 + 1 + 1 + 1 = 15$ Sieger. Jeder Preis wurde mindestens einmal vergeben.

30.2 L-7.2 Restaurantrechnung (050411)

Es ist nicht sinnvoll, auf die bezahlten 27 DM die 2 DM für den Kellner zu addieren, da sie einen Teil der 27 DM bilden. Subtrahiert man sie, erhält man die 25 DM, die das Essen gekostet hat. Um 30 DM zu erhalten, müssten die 3 DM addiert werden, die der Kellner zurückgegeben hat.

30.3 L-7.3 Zigarettenstummel (050612)

a) Betrachten wir Großvater und Vater getrennt, so geht aus der Aufstellung in Tab. 30.1 hervor, dass der Großvater insgesamt 37 und der Vater 35 Zigaretten rauchen kann.
b) Die Aufgabenstellung lässt es aber auch zu, dass der Großvater dem Vater seine restliche Kippe leiht, der Vater mit dieser und seinen restlichen zwei Kippen noch eine Zigarette raucht und die übrig gebliebene Kippe dem Großvater wieder zurückgibt.

Also kann der Großvater 37 Zigaretten und der Vater 36 Zigaretten rauchen.

© Springer-Verlag GmbH Deutschland, ein Teil von Springer Nature 2020
P. Jainta und L. Andrews, *Mathe ist noch viel mehr,*
https://doi.org/10.1007/978-3-662-60682-7_30

Tab. 30.1 Zigarettenstummel

	Gerauchte Zigaretten	Entstehende Kippen	Kippen gesamt	Neue Zigaretten	Restliche Kippen
Großvater					
	25	25	25	8	1
	8	8	9	3	0
	3	3	3	1	0
	1	1	1	0	1
Vater					
	24	24	24	8	0
	8	8	8	2	2
	2	2	4	1	1
	1	1	2	0	2

30.4   L-7.4 Antons Telefonnummer (050713)

Zunächst werden wie in Tab. 30.2 alle Möglichkeiten für die vierte und erste, dann für die zweite und fünfte Ziffer eingetragen. Danach wird die dritte Ziffer berechnet und eingetragen. Da bisher keine 7 auftritt, muss diese als sechste Ziffer vorkommen. Man kennzeichnet alle zweistelligen Zahlen, die durch 13 teilbar sind. Nur eine der drei Möglichkeiten enthält auch eine zweistellige Zahl, die durch 11 teilbar ist. Also hat Anton die Telefonnummer 633267.

30.5   L-7.5 Urlaub in Österreich (060711)

Fahrzeit des Autozugs: 10 min 30 s = 630 s. Fahrzeit des Schnellzugs: 7 min 30 s = 450 s. Nach 450 s hat der Schnellzug einen Vorsprung von $450 \cdot 10$ m $= 4\,500$ m, die der Autozug in der restlichen Zeit von 3 min $= 180$ s noch zurücklegen muss.

Der Autozug legt also in 1 s die Strecke $4\,500$ m $\div 180 = 25$ m zurück. Die Tunnellänge beträgt daher $630 \cdot 25$ m $= 15\,750$ m $= 15$ km 750 m. In 1 h ($= 3\,600$ s) fährt der Autozug $3\,600 \cdot 25$ m $= 90\,000$ m $= 90$ km.

Tab. 30.2 Antons Telefonnummer

1. Ziffer	2. Ziffer	3. Ziffer	4. Ziffer	5. Ziffer	6. Ziffer
3	0	–	1	0	7
6	0	0	2	0	7
9	0	1	3	0	7
3	1	0	1	2	7
6	1	1	2	2	7
9	1	2	3	2	7
3	2	1	1	4	7
6	2	2	2	4	7
9	2	3	3	4	7
3	3	2	1	6	7
6	3	3	2	6	7
9	3	4	3	6	7
3	4	3	1	8	7
6	4	4	2	8	7
9	4	5	3	8	7

30.6 L-7.6 Urlaubslektüre (060712)

Die Primfaktorenzerlegung von 456 lautet: $456 = 2 \cdot 2 \cdot 2 \cdot 3 \cdot 19$. 456 ist hier in ein Produkt

$$(\text{Anzahl der Tage}) \cdot (\text{tägliche Seitenanzahl})$$

zu zerlegen, wobei der erste Faktor mindestens 9 und der zweite Faktor mindestens 21 beträgt. Daher ist nur die folgende Zerlegung sinnvoll: $456 = (2 \cdot 2 \cdot 3) \cdot (2 \cdot 19)$. Ute will also zwölf Tage lang jeweils 38 Seiten lesen. Sie hat zuletzt die Seite $8 \cdot 38 + 21 = 325$ gelesen und wird am darauffolgenden Donnerstag mit der Lektüre fertig.

30.7 L-7.7 Hühnereier (060723)

30 h sind $1\frac{1}{4} = \frac{5}{4}$ Tage, und 1,25 Eier sind entsprechend $\frac{5}{4}$ Eier. $1\frac{1}{2}$ Hühner legen in $\frac{5}{4}$ Tagen $\frac{5}{2}$ Eier. Daraus folgt, dass $1\frac{1}{2} = \frac{3}{2}$ Hühner an einem Tag ein Ei legen. Somit legt ein Huhn an einem Tag $\frac{2}{3}$ Eier. Das heißt, ein Huhn legt in sechs Tagen vier Eier, und somit legen sieben Hühner in sechs Tagen 28 Eier.

Kapitel 31
Der Jahreszahl verbunden

31.1 L-8.1 '92 in 82 (070112)

Es gilt nach Umordnung:

$$
\frac{1}{1} + \frac{1}{2} + \frac{1}{3} + \ldots + \frac{1}{81} + \frac{1}{82}
$$
$$
= \left(\frac{1}{1} + \frac{1}{82} \right) + \left(\frac{1}{2} + \frac{1}{81} \right) + \ldots + \left(\frac{1}{41} + \frac{1}{42} \right)
$$
$$
= \frac{83}{1 \cdot 82} + \frac{83}{2 \cdot 81} + \ldots + \frac{83}{41 \cdot 42}
$$

Also gilt:

$$
1 \cdot 2 \cdot 3 \cdot \ldots \cdot 82 \cdot \left(\frac{1}{1} + \frac{1}{2} + \ldots + \frac{1}{81} + \frac{1}{82} \right) = 1 \cdot 2 \cdot 3 \cdot \ldots \cdot 82 \cdot 83 \left(\frac{1}{1 \cdot 82} + \frac{2}{2 \cdot 81} + \ldots + \frac{1}{41 \cdot 42} \right)
$$
$$
= \frac{1 \cdot 2 \cdot 3 \cdot \ldots \cdot 82 \cdot 83}{1 \cdot 82} + \frac{1 \cdot 2 \cdot 3 \cdot \ldots \cdot 82 \cdot 83}{2 \cdot 81}
$$
$$
+ \frac{1 \cdot 2 \cdot 3 \cdot \ldots \cdot 82 \cdot 83}{3 \cdot 80} + \ldots + \frac{1 \cdot 2 \cdot 3 \cdot \ldots \cdot 82 \cdot 83}{41 \cdot 42} . \quad (1)
$$

Nun gilt $1992 = 3 \cdot 8 \cdot 83$. Jeder Zähler in der ersten Gleichung besitzt auch nach dem Kürzen noch die Teiler 3, 8 und 83, also ist jeder Summand ein Vielfaches von 1992, und somit ist die Behauptung bewiesen.

© Springer-Verlag GmbH Deutschland, ein Teil von Springer Nature 2020
P. Jainta und L. Andrews, *Mathe ist noch viel mehr*,
https://doi.org/10.1007/978-3-662-60682-7_31

31.2   L-8.2 Zum Jahreswechsel 96/97 (070521)

Die Zahl Z ist eine natürliche Zahl, weil beim Ausmultiplizieren nach dem Distributivgesetz jeweils nur ein Faktor aus 1996! herausgekürzt wird. Die Summe natürlicher Zahlen ist aber wieder eine natürliche Zahl. Wir erhalten somit:

$$Z = (1996!) \cdot \left[\left(1 + \frac{1}{1996} \right) + \left(\frac{1}{2} + \frac{1}{1995} \right) + \dots + \left(\frac{1}{998} + \frac{1}{999} \right) \right]$$

$$= (1996!) \cdot \left[\left(\frac{1996 + 1}{1 \cdot 1996} \right) + \left(\frac{1995 + 2}{2 \cdot 1995} \right) + \dots + \left(\frac{998 + 999}{998 \cdot 999} \right) \right]$$

$$= 1997 \cdot (1996!) \left[\left(\frac{1}{1 \cdot 1996} \right) + \left(\frac{1}{2 \cdot 1995} \right) + \dots + \left(\frac{1}{998 \cdot 999} \right) \right]$$

$$= 1997 \cdot z$$

Der Term Z stellt eine natürliche Zahl dar, weil beim Ausmultiplizieren nach dem Distributivgesetz jeweils durch die beiden Faktoren in den Nennern gekürzt werden kann. Daraus folgt, dass 1997 die Zahl Z ohne Rest teilt.

31.3   L-8.3 Die Jahreszahl 1998 (070713)

$N = 1998^{1998} = (2 \cdot 3^3 \cdot 37)^{1998} = 2^{1998} \cdot 3^{3 \cdot 1998} \cdot 37^{1998}$. Jeder Teiler enthält den Faktor 2 null- bis 1998-mal, den Faktor 3 null- bis $(3 \cdot 1998 =)5994$-mal, den Faktor 37 null- bis 1998-mal. Für die Anzahl Z der Teiler erhalten wir:

$$Z = (1998 + 1) \cdot (5994 + 1) \cdot (1998 + 1) = 1999 \cdot 5995 \cdot 1999 = 3\,996\,001 \cdot 5995$$

$$= 23\,956\,025\,995$$

31.4   L-8.4 Zum Jahreswechsel 98/99 (070721)

Es gilt:

$$N_1 = 1998^{1999} = (2 \cdot 9 \cdot 111)^{1999} = 8 \cdot 2^{1996} \cdot 9 \cdot 81^{999} \cdot 111^{1999}$$

$$= 8 \cdot 9 \cdot 16^{499} \cdot 81^{999} \cdot 111^{1999}$$

Der letzte und der vorletzte Faktor enden auf die Ziffer 1. Der drittletzte Faktor endet auf die Ziffer 6. Wegen der ersten beiden Faktoren $(8 \cdot 9)$ endet die Zahl N_1 auf 2 (denn $8 \cdot 9 \cdot 6 = 432$).

$$N_2 = 1999^{1998} = (1999^2)^{999} = 3\,996\,001^{999} = (n \cdot 10^3 + 1)^{999}, \text{ da}$$

$$(k \cdot 10^3 + 1) \cdot (l \cdot 10^3 + 1) = (kl \cdot 10^3 + k + l) \cdot 10^3 + 1 = m \cdot 10^3 + 1 \text{ mit}$$
$$k, l, m \in \mathbb{N}.$$

Daraus folgt, dass die Zahl N_2 auf 001 und die Zahl $N_3 = N_2 \cdot 1999$ auf 999 endet.

Kapitel 32
Geschicktes Zählen

32.1   L-9.1 Dicker Schmöker (070211)

Für die ersten neun Seiten benötigt man $9 \cdot 1 = 9$ Ziffern, für die Seiten $10 - 99$ kommen $90 \cdot 2 = 180$ Ziffern hinzu, für die Seiten $100 - 999$ sind es weitere $900 \cdot 3 = 2700$ Ziffern.

Das sind bisher zusammen $9 + 180 + 2700 = 2889$ Ziffern. Da 3829 Ziffern benötigt werden, verbleiben für die vierstelligen Zahlen $3829 - 2889 = 940$ Ziffern. Dies ergibt $940 \div 4 = 235$ vierstellige Zahlen. Das Buch besitzt demnach $999 + 235 = 1234$ Seiten.

32.2   L-9.2 Dreiecke (070712)

Abb. 32.1 illustriert das Vorgehen bei der Lösung.

a) Es gibt also $\frac{7 \cdot 8}{2} = 28$ blaue Dreiecke. Analog beträgt die Anzahl der roten Dreiecke $\frac{6 \cdot 7}{2} = 21$. Insgesamt sind 49 Dreiecke entstanden.

b) Für ein 1-cm-Dreieck mit blauen Ecken erhalten wir $\frac{7 \cdot 8}{2} = 28$ Möglichkeiten, dieses im 1-cm-Dreieck zu finden. Analog finden wir für ein 2-cm-Dreieck mit blauen Ecken $\frac{6 \cdot 7}{2} = 21$ Möglichkeiten usw.

Die Gesamtanzahl der möglichen Dreiecke mit blauen Ecken beträgt also

$$\tfrac{1}{2}(7 \cdot 8 + 6 \cdot 7 + 5 \cdot 6 + 4 \cdot 5 + 3 \cdot 4 + 2 \cdot 3 + 1 \cdot 2) = 84.$$

Die Gesamtanzahl der möglichen Dreiecke mit roten Ecken beträgt

$$\tfrac{1}{2}(6 \cdot 7 + 4 \cdot 5 + 2 \cdot 3) = 34.$$

Insgesamt gibt es also 118 Dreiecke.

© Springer-Verlag GmbH Deutschland, ein Teil von Springer Nature 2020
P. Jainta und L. Andrews, *Mathe ist noch viel mehr*,
https://doi.org/10.1007/978-3-662-60682-7_32

Abb. 32.1 Dreiecke

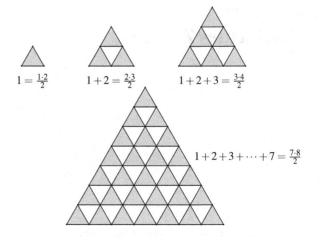

Kapitel 33
Zahlentheorie I

33.1 L-10.1 Die potente 7 (070111)

Die Potenzen von 7 sind 7, 49, 343, 2 401, 16 807, 117 649 . . . Die beiden letzten Ziffern wiederholen sich mit der Periode 4: 07, 49, 43, 01, . . .

7^7 endet somit auf 43; bei der Division durch 4 lässt 7^7 den Rest 3 (es wird also zuletzt kein voller Zyklus durchlaufen). Also endet auch 7^{7^7} auf 43, und aus demselben Grund sind die beiden letzten Ziffern von $7^{7^{7^7}}$ ebenfalls 43.

33.2 L-10.2 Zahlenpaare (070121)

Für ganze Zahlen x und y können wir folgern:

$$11 \mid (2x + 3y) \Leftrightarrow 11 \mid 9 \cdot (2x + 3y) \Leftrightarrow 11 \mid [(18x + 27y) - 11x - 22y] \Leftrightarrow 11 \mid (7x + 5y)$$

33.3 L-10.3 Quadratsumme (070221)

Für $n \in \mathbb{N}, n > 2$ berechnen wir die Summe S der Quadrate von fünf aufeinanderfolgenden Zahlen:

$$S = (n - 2)^2 + (n - 1)^2 + n^2 + (n + 1)^2 + (n + 2)^2$$
$$= 5n^2 + 4 + 1 + 1 + 4 = 5n^2 + 10 = 5(n^2 + 2)$$

Damit $5(n^2 + 2) = k^2 (k \in \mathbb{N})$ gilt, muss $5 \mid (n^2 + 2)$ gelten.

© Springer-Verlag GmbH Deutschland, ein Teil von Springer Nature 2020
P. Jainta und L. Andrews, *Mathe ist noch viel mehr*,
https://doi.org/10.1007/978-3-662-60682-7_33

Eine Quadratzahl kann nur auf 0, 1, 4, 5, 6 oder 9 enden. Somit kann $(n^2 + 2)$ nur auf 2, 3, 6, 7, 8 oder 1 enden, also nie auf 0 oder 5. Aus diesem Grund kann die Summe S keine Quadratzahl sein.

33.4   L-10.4 Schwierige Ungleichung (070222)

a) z. B. $(3 \mid 4)$, $(4 \mid 3)$, $(5 \mid 2)$

b) Für $a = 1$ und $a = 2$ ist die Beziehung nicht erfüllbar.

c) Für $b = 1$ ist die Beziehung nicht erfüllbar.

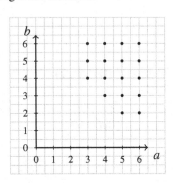

d)

e) $10 \cdot 10 - 10 - 18 - 3 = 69$

33.5   L-10.5 Primzahlquotient (070311)

Es gilt $N = p^2 - 1 = (p - 1)(p + 1)$. Da $p \geq 5$ eine Primzahl ist, sind $p - 1$ und $p + 1$ zwei aufeinanderfolgende gerade Zahlen, d. h., beide sind durch 2 und genau eine davon durch 4 teilbar. Das Produkt ist somit durch 8 teilbar.

Von je drei aufeinanderfolgenden natürlichen Zahlen ist immer genau eine durch 3 teilbar. Von $(p - 1)$, p, $(p + 1)$ ist p aufgrund der Vorgaben nicht durch 3 teilbar; somit muss entweder $(p - 1)$ oder $(p + 1)$ durch 3 teilbar sein.

Insgesamt ist dadurch das Produkt $(p - 1)(p + 1)$ durch 3 und 8, also durch 24 teilbar, da zudem $\mathrm{ggT}(3, 8) = 1$ gilt.

33.6   L-10.6 Primzahlzwillinge (070321)

Es seien p_1 und p_2 Primzahlzwillinge, d. h. $p_1 - p_2 = 2 \Rightarrow p_1 = p_2 + 2$. Wir erhalten für ihre Summe S, $S = p_1 + p_2 = 2 + p_2 + p_2 = 2(p_2 + 1) = 2n$, mit $n = p_2 + 1 \in \mathbb{N}$.

p_1, n, p_2 sind drei aufeinanderfolgende natürliche Zahlen, von denen somit eine durch 3 teilbar ist. Da p_1 und p_2 Primzahlen sind, muss n durch 3 teilbar sein. Da alle Primzahlen, die größer als 2 sind, ungerade sind, ist n gerade. Wir schreiben $n = 2k$ mit $k \in \mathbb{N}$. Daraus folgt, $S = p_1 + p_2 = 2 \cdot 2 \cdot k = 4k$ ist durch 4 teilbar. Wenn 3 und 4 Teiler von S sind, dann ist, wegen $\mathrm{ggT}(3, 4) = 1$, auch $3 \cdot 4 = 12$ ein Teiler von S.

33.7 L-10.7 Rechenoperationen (070413)

Die gesuchten Zahlen seien $x > y \in \mathbb{N}$. Es gilt nach Aufgabenstellung:

$$(x + y) + (x - y) + x \cdot y + \tfrac{x}{y} = 243 \Rightarrow \frac{x(y+1)^2}{y} = 3^5$$

y und $(y + 1)$ sind teilerfremd. Daraus folgt, dass $x = ky$ mit $k > 1 \in \mathbb{N}$ ist, sonst wäre die linke Seite der Bruchgleichung keine natürliche Zahl, das muss sie aber sein, da die rechte Seite eine natürliche Zahl ist.

$\Rightarrow k \cdot (y + 1)^2 = 3^5$: Diese Gleichung erfüllen für natürliche Zahlen k nur die Werte $y = 2$ und $y = 8$. Für die entsprechenden Werte für x erhalten wir $x = 54$ bzw. $x = 24$. Es gibt die zwei Lösungspaare $(54, 2)$ und $(24, 8)$:

$$(54, 2) : (54 + 2) + (54 - 2) + 54 \cdot 2 + (54 \div 2) = 56 + 52 + 108 + 27 = 243$$
$$(24, 8) : (24 + 8) + (24 - 8) + 24 \cdot 8 + (24 \div 8) = 32 + 16 + 192 + 3 = 243$$

33.8 L-10.8 Neunstellige Zahl gesucht (070513)

Wir bezeichnen die gesuchte Zahl mit x. Es ist $x = \overline{abcdefghi}$ eine Zahl mit den Ziffern a, b, c, d, e, f, g, h und i mit $a \neq 0$. Analog dazu ist $y = \overline{abc}$ eine Zahl aus den Ziffern a, b und c. Damit ergibt sich aus der Bedingung 2) $\overline{abc} : \overline{def} : \overline{ghi} = 1 : 3 : 5$. Nun gilt $\overline{def} = 3y < 1000$ und $\overline{ghi} = 5y < 1000$.

Für die gesuchte Zahl x erhalten wir nun $x = 1000000y + 3000y + 5y = 1003005y = 3 \cdot 3 \cdot 5 \cdot 31 \cdot 719y$. Die Bedingung (3) ist erfüllt, wenn y durch $8 \cdot 7 = 56$ teilbar ist. Daraus folgt, dass $y = 56k$, $k \in \mathbb{N}$.

Für $k = 1$ ist $y = 56$, und somit ist x nicht neunstellig. Für $k \geq 4$ ist $y \geq 224$ und somit $\overline{ghi} = 5y \geq 1120 > 1000$. Das ist ein Widerspruch zu der Bedingung $y < 1\,000$.

Für $k = 2$ erhalten wir $y = 112$ und $x = 112\,336\,560$. Für $k = 3$ erhalten wir $y = 168$ und $x = 168\,504\,840$.

33.9   L-10.9 Zahlenriesen multipliziert (070522)

Wir setzen $n = 9\,081\,726\,354$. Dann erhalten wir für den Wert der Differenz:

$$
\begin{aligned}
D &= (n-3)(n+3)(n+6)(n-2) - (n-1)(n+5)(n+4)(n-4) \\
&= (n^2 - 9)(n^2 + 4n - 12) - (n^2 + 4n - 5)(n^2 - 16) \\
&= n^4 + 4n^3 - 12n^2 - 9n^2 - 36n + 108 - n^4 - 4n^3 + 16n^2 + 64n + 5n^2 - 80 \\
&= 28n + 28 = 28(n+1) \\
&= 28 \cdot 9\,081\,726\,355 = 254\,288\,337\,940
\end{aligned}
$$

33.10   L-10.10 Brüche im alten Ägypten (070612)

Die alten Ägypter könnten die beiden Brüche wie folgt dargestellt haben:

$$
\begin{aligned}
\frac{17}{89} &= \frac{1}{6} + \frac{102 - 89}{6 \cdot 89} = \frac{1}{6} + \frac{13}{534} = \frac{1}{6} + \frac{1}{42} + \frac{91 - 89}{534 \cdot 7} = \frac{1}{6} + \frac{1}{42} + \frac{2}{3738} \\
&= \frac{1}{6} + \frac{1}{42} + \frac{1}{1869} \\
\frac{47}{89} &= \frac{1}{2} + \frac{94 - 89}{2 \cdot 89} = \frac{1}{2} + \frac{5}{178} = \frac{1}{2} + \frac{1}{36} + \frac{90 - 89}{178 \cdot 18} = \frac{1}{2} + \frac{1}{36} + \frac{1}{3204}
\end{aligned}
$$

33.11   L-10.11 Noch einmal Quadratsummen (070623)

Es sei S_4 die Summe von vier aufeinanderfolgenden Quadratzahlen. Wir erhalten für eine natürliche Zahl $n > 1$ damit

$$
S_4 = (n-1)^2 + n^2 + (n+1)^2 + (n+2)^2 = 4n^2 + 4n + 6 = 2(2n^2 + 2n + 3).
$$

Der Faktor in der Klammer ist ungerade. Damit enthält S_4 den Faktor 2 nur einmal und kann somit keine Quadratzahl sein.

Kapitel 34
Winkel, Seiten und Flächen

34.1   L-11.1 Neun Parallelen (070122)

Wir ziehen je neun Parallelen zu den übrigen Seiten des Dreiecks (Abb. 34.1). So erhalten wir $1 + 3 + 5 + \ldots + 17 + 19 = 10^2 = 100$ kleinere, kongruente Dreiecke mit Flächeninhalt F. Das große Dreieck besitzt dann den Inhalt $100 \cdot F$.

Das untere Trapez (grau unterlegt) beinhaltet 19 dieser Dreiecke. Wir erhalten $76 = 19 \cdot F \Rightarrow F = 4 \Rightarrow A_{Dreieck} = 400$.

Abb. 34.1   Neun Parallelen

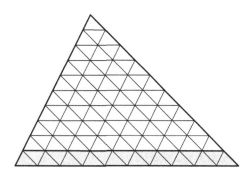

34.2   L-11.2 Dreiecke im Sechseck (070213)

Abb. 34.2 zeigt die sechs Lösungen der Aufgabenteile a) und b).

a) Es gibt fünf Möglichkeiten einer Zerlegung mit drei Geraden, unter der Voraussetzung, dass stets eine Gerade durch A und E geht.
b) Bei einer Zerlegung mit sechs Geraden erhalten wir die meisten Dreiecke.

© Springer-Verlag GmbH Deutschland, ein Teil von Springer Nature 2020   117
P. Jainta und L. Andrews, *Mathe ist noch viel mehr*,
https://doi.org/10.1007/978-3-662-60682-7_34

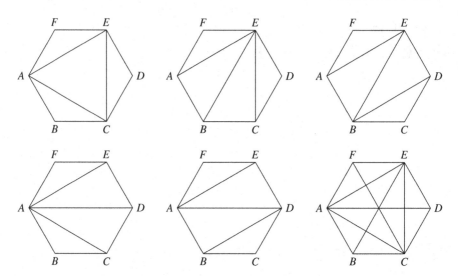

Abb. 34.2 Dreiecke im Sechseck

34.3   L-11.3 Quadrate im Rechteck (070323)

Wir entnehmen alle Bezeichnungen aus Abb. 34.3.

Es gilt $|AL| = |EL|$, da beide Strecken Diagonalen in einem Rechteck aus zwei Quadraten sind.

Es gilt:

$$|\sphericalangle LEG| = |\sphericalangle HFA| = |\sphericalangle LAM| = |\sphericalangle ALB| = \alpha$$
$$|\sphericalangle BLE| = 90° - \alpha;\ |\sphericalangle ALE| = \alpha + (90° - \alpha) = 90°$$

Abb. 34.3 Quadrate im Rechteck

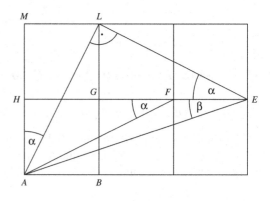

Somit ist das Dreieck AEL gleichschenklig mit der Basis $\overline{AE}$ und rechtwinklig, woraus folgt, dass $\alpha + \beta = 45°$ gilt.

34.4 L-11.4 Gleiche Abstände (070411)

Wir entnehmen alle Bezeichnungen aus Abb. 34.4.

Wir unterscheiden zwei Fälle:

- Fall 1: Die Punkte A, B, C liegen auf einer Geraden g. Jede Parallele p zu g erfüllt die Fragestellung. Es gibt unendlich viele Lösungen.
- Fall 2: Die Punkte A, B, C bilden ein Dreieck. Der Punkt D ist der Fußpunkt von h_c. Der Punkt E ist die Mitte von $\overline{CD}$. Die Gerade p ist das Lot zu $\overline{CD}$ durch E. Die Gerade p ist parallel zu $\overline{AB}$ (Mittelparallele). Sie besitzt die geforderte Eigenschaft.
  $\Rightarrow$ Die drei Mittelparallelen des Dreiecks ABC erfüllen die Aufgabe. Zusätzlich erfüllt noch das Lot zur Dreiecksebene durch den Mittelpunkt M des Umkreises die Bedingungen der Aufgabe.

Abb. 34.4 Gleiche Abstände

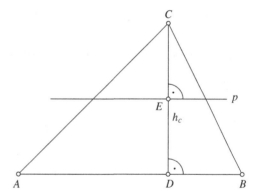

34.5 L-11.5 Ein Dreieck (070423)

Wir entnehmen alle Bezeichnungen aus Abb. 34.5.

Wir setzen $|AF| = |AB|$.
  $\Rightarrow \delta_1 = \delta_2$ (gleichschenkliges Dreieck).
  $\Rightarrow \delta_1 = \frac{1}{2}\alpha$ (Außenwinkelsatz).

Abb. 34.5 Ein Dreieck

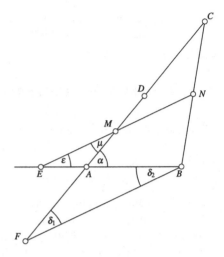

Der Punkt M ist die Mitte der Strecke $\overline{FC}$. Die Strecke $\overline{MN}$ ist die Mittelparallele im Dreieck FBC. Somit gilt $\varepsilon = \delta_2$ und $\mu = \delta_1$ (Z-Winkel).

$$\Rightarrow |\sphericalangle AEM| = \varepsilon = \mu = \tfrac{1}{2}\alpha \Rightarrow |EA| = |AM|.$$

34.6   L-11.6 Dreieckskonstruktion (070523)

Abb. 34.6 zeigt die Planfigur zur Konstruktion.

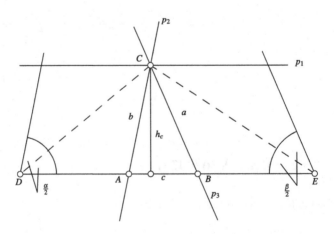

Abb. 34.6 Dreieckskonstruktion

Konstruktionsbeschreibung:

1. Zeichne die Strecke $\overline{DE}$ mit $|DE| = s$.
2. Trage an $\overline{DE}$ gegen den Uhrzeigersinn den Winkel α mit Scheitelpunkt D an und halbiere α.
3. Der freie Schenkel von $\frac{\alpha}{2}$ und die Parallele p_1 zu DE schneiden sich in C.
4. Die Parallele p_2 zum freien Schenkel von α durch den Punkt C und die Gerade DE schneiden sich in A.
5. Verdopple den Winkel $\frac{\beta}{2} = \sphericalangle CED$ zum Winkel β.
6. Die Parallele p_3 zum freien Schenkel von β durch den Punkt C und die Gerade DE schneiden sich in B.

34.7 L-11.7 Winkel im Siebeneck (070622)

Wir entnehmen alle Bezeichnungen aus Abb. 34.7.

Die Winkelsumme in einem konvexen n-Eck beträgt $(n - 2) \cdot 180°$. Somit beträgt die Winkelsumme im Siebeneck $5 \cdot 180°$. Der Punkt M ist der Mittelpunkt des 5Siebenecks. Nun gilt:

$$\mu = \frac{360°}{7}; \; \varphi = \frac{5 \cdot 180°}{7} \text{ (da das Siebeneck regelmäßig ist)}$$
$$\Rightarrow \alpha = \frac{1}{2}(180° - \varphi) = \frac{(7 - 5) \cdot 180°}{2 \cdot 7} = \frac{180°}{7}$$
$$\Rightarrow \beta = \frac{1}{2}(360° - 2\varphi) = 180° - \varphi = 2\alpha$$

Abb. 34.7 Winkel im Siebeneck

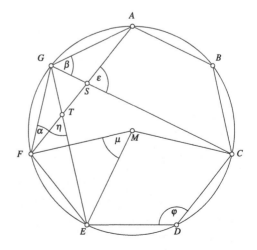

Mit dem Außenwinkelsatz am Dreieck AGS erhalten wir $\epsilon = \beta + \alpha = 3\alpha$. Mit dem Außenwinkelsatz am Dreieck GFT erhalten wir $\eta = \alpha + \alpha = 2\alpha$.

34.8 L-11.8 Parallele (070722)

Wir beschreiben die Konstruktion und beziehen uns auf Abb. 34.8.

1. Zeichne die Punkte A, B und C.
2. Konstruiere den vierten Eckpunkt P des Parallelogramms $CABP$. $\overline{CP}$ ist die gesuchte Parallele zu $\overline{AB}$.
3. Punkt B gespiegelt an $\overline{CP}$ ist B'.
4. $k(B; r > |BP'|) \cap k(B'; r) = \{P';\ P''\}$; P' und P'' liegen auf der Geraden $\overline{CP}$.

Abb. 34.8 Parallele

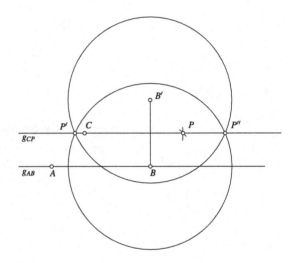

Kapitel 35
Geometrische Algebra I

35.1 L-12.1 Ameise auf Honigsuche (070223)

a) Es gibt zwei (für $n = 1$) bzw. vier (für $n = 2$) bzw. 2^n (für n beliebig) Möglichkeiten.
b) Die zugehörigen Längen sind $2r$, $4r$ bzw. $2nr$.
c) Siehe Abb. 35.1.
d) Es sind die Punkte P und Q in Abb. 35.1.

Abb. 35.1 Ameise auf
Honigsuche

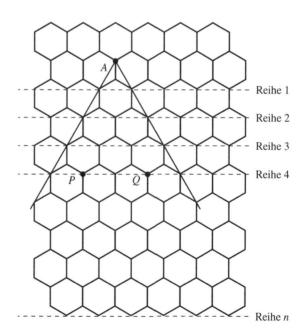

© Springer-Verlag GmbH Deutschland, ein Teil von Springer Nature 2020
P. Jainta und L. Andrews, *Mathe ist noch viel mehr*,
https://doi.org/10.1007/978-3-662-60682-7_35

123

35.2   L-12.2 Punktmenge (070711)

Wir bezeichnen die Höhe des Dreiecks mit h. Die Seitenlänge ist a.

Für $r < \frac{a}{2}$ gibt es keine Lösung. Für $r = \frac{a}{2}$ gibt es genau eine Lösung. Für $\frac{a}{2} < r < h$ gibt es zwei Lösungen. Für $r = h$ gibt es drei Lösungen. Für $h < r < a$ gibt es vier Lösungen. Für $r = a$ gibt es drei Lösungen. Für $a < r$ gibt es vier Lösungen.

Kapitel 36
Besondere Zahlen

36.1 L-13.1 Datumszauber (070312)

Wir schreiben ein Datum in der vorgegeben Art auf. Wir erhalten immer eine acht-stellige Zahl $z = 10\,000\,000a + 1\,000\,000b + 100\,000c + \ldots + 10g + h$, wobei die Variablen a bis h für die Ziffern der einzelnen Stellen stehen. Die Quersumme q dieser Zahl ist $a + b + c + d + e + f + g + h$. Wir subtrahieren diese Quersumme von der Zahl z und erhalten:

$$z - q = 9\,999\,999a + 999\,999b + 99\,999c + \ldots + 9g + 9$$
$$= 9(1\,111\,111a + 111\,111b + 11\,111c + \ldots + g + 1)$$
$$\Rightarrow 9 \mid (z - q)$$

36.2 L-13.2 Prim oder nicht prim? (070422)

a) 11 und 101 sind Primzahlen. $1\,001 = 91 \cdot 11$ ist keine Primzahl. $10\,001 = 73 \cdot 137$ ist keine Primzahl. $100\,001 = 9\,091 \cdot 11$ ist keine Primzahl. $1\,000\,001 = 9\,901 \cdot 101$ ist keine Primzahl.
b) $1\,000\,000\,001 = 999\,999\,990 + 11 = (90\,909\,090 + 1) \cdot 11$ ist keine Primzahl.
c) $1\,000 \ldots 0001 = 9\,999 \ldots 99\,990 + 11 = (9\,090 \ldots 9\,090 + 1) \cdot 11$ ist keine Primzahl (1996 Nullen, 1996 Neunen, 998- mal die Ziffernfolge 90).

© Springer-Verlag GmbH Deutschland, ein Teil von Springer Nature 2020
P. Jainta und L. Andrews, *Mathe ist noch viel mehr*,
https://doi.org/10.1007/978-3-662-60682-7_36

Kapitel 37
Noch mehr Logik

37.1   L-14.1 Spielzeugcrash (070113)

Nach jedem Crash mit anschließender Reparatur hat Daniel entweder einen BMW
weniger (wenn nämlich aus zwei BMWs ein BMW wird oder wenn aus einem Audi
und einem BMW ein Audi wird), oder er hat zwei Audis weniger, dafür aber einen
BMW mehr. Die Zahl der Audis verändert sich also immer um zwei und kann somit
nie eins werden. Das letzte Auto muss folglich ein BMW sein.

37.2   L-14.2 Klassenelternversammlung (070123)

Wir bezeichnen mit

$M_1 = \{10 \text{ Jungen}, 8 \text{ Mädchen}; \text{ beide Eltern anwesend}\}$,
$M_2 = \{4 \text{ Jungen}, 3 \text{ Mädchen}; \text{ nur Mutter anwesend}\}$ und
$M_3 = \{1 \text{ Junge}, 1 \text{ Mädchen}; \text{ nur Vater anwesend}\}$.

Mindestens ein Vater gehört zu Kindern aus M_3, also gehören höchstens 17 Väter zu
Kindern aus M_1. Das heißt, in M_1 ist mindestens ein Geschwisterpaar.

Wären in M_1 mehr als ein Geschwisterpaar oder mindestens eine Gruppe von
drei oder mehr Geschwistern, dann würden höchstens 16 Mütter zu Kindern aus
M_1 gehören. Also gäbe es mindestens acht Mütter zu Kindern aus M_2. Dies ist nicht
möglich. Folglich ist in M_1 genau ein Geschwisterpaar. Dann müssen aber 17 Mütter
zu Kindern aus M_1 und sieben Mütter zu Kindern aus M_2 gehören, deshalb gibt es
in M_2 kein Geschwisterpaar.

Schließlich müssen 17 Väter zu Kindern aus M_1 und somit nur genau ein Vater
zu den Kindern aus M_3 gehören, und somit besteht M_3 aus genau einem Geschwisterpaar. In der Klasse gibt es demzufolge genau zwei Geschwisterpaare.

© Springer-Verlag GmbH Deutschland, ein Teil von Springer Nature 2020
P. Jainta und L. Andrews, *Mathe ist noch viel mehr*,
https://doi.org/10.1007/978-3-662-60682-7_37

37.3   L-14.3 Fliegengewicht? (070313)

Wir verwenden für die Namen der Kinder ihre Anfangsbuchstaben. Wir wissen, dass $A+D < B+C$ (1) und dass $B < D$ (2) gilt, folglich ist auch $A+B < B+C$ (2 in 1), und somit ist $A < C$. Da $A+C = D+B$ (3), ist $A+D+A+C < B+C+D+B$ (1+3) und folglich $A < B$. Da nach Angabe auch $A < D$ gilt, muss Anton der Leichteste sein. Aus $A + C = B + D$ folgt somit, dass Claudia die Schwerste ist, und wegen $D > B$ muss die Reihenfolge Anton, Berta, Daniel, Claudia lauten.

37.4   L-14.4 Das Erbe des Sultans (070412)

Wir bezeichnen die Söhne mir ihren Anfangsbuchstaben A, E, I und U. Aus den Bedingungen der Aufgabenstellung und weiterer logischer Schlüsse erhalten wir:

(I) $A = E - I \Rightarrow A + I = E$ (I')
(II) $A + U = E + I \Rightarrow A - I = E - U$ (I'')
(III) $U < A + I$
(III) und (I') $\Rightarrow U < E$ (IV)
(I') $\Rightarrow A < E$ (V)
(I') $\Rightarrow I < E$ (VI)
(IV), (V) und (VI) $\Rightarrow E$ ist am größten.
(IV) und (II') $\Rightarrow A - I = E - U > 0 \Rightarrow A > I$ (VII)
(V) und (II) $\Rightarrow U - I = E - A > 0 \Rightarrow U > I$ (VIII)
(VI) $\Rightarrow E > I$ (IX)
(VII), (VIII) und (IX) $\Rightarrow I$ ist am kleinsten.

Somit erhält Elim den größten und Ilim den kleinsten Anteil des Vermögens.

37.5   L-14.5 Würfelspiel (070421)

Wir betrachten die drei folgenden Fälle:

- Fall 1: Der Gegner hat den roten und der Spieler den blauen Würfel.
  Spieler gewinnt: (2/3), (2/5), (2/7), (4/5), (4/7).
  Spieler verliert: (4/3), (9/3), (9/5), (9/7).
- Fall 2: Der Gegner hat den blauen und der Spieler den gelben Würfel.
  Spieler gewinnt: (3/6), (3/8), (5/6), (5/8), (7/8).
  Spieler verliert: (3/1), (5/1), (7/1), (7/6).
- Fall 3: Der Gegner hat den gelben und der Spieler den roten Würfel.
  Spieler gewinnt: (1/2), (1/4), (1/9), (6/9), (8/9).
  Spieler verliert: (6/2), (6/4), (8/2), (8/4).

Es gibt je neun verschiedene Spielausgänge. In je fünf von neun Fällen gewinnt der Spieler, weil er die größere Zahl erwürfelt.

37.6 L-14.6 Lotterie (070723)

a) Die Gewinnsumme beträgt $(500 + 5 \cdot 100 + 20 \cdot 50 + 50 \cdot 20 + 200 \cdot 5) = 4\,000$ DM.

Der Preis für ein Los sei x. Damit erhalten wir $0{,}2 \cdot 2\,000x + 640 + 4\,000 = 2\,000 \cdot x$. Daraus folgt $1\,600x = 4\,640$ DM und somit für den Preis eines Loses $x = 2{,}90$ DM.

b) $P(b_1) = \frac{1}{2\,000} = 0{,}005\,\%$

$P(b_2) = \frac{1+5+20+50+200}{2\,000} = \frac{276}{2\,000} = 0{,}138 = 13{,}8\,\%$

c) $P(c_1) = \frac{276 \cdot 275}{2\,000 \cdot 1\,999} = 1{,}9\,\%$

$P(c_2) = \frac{1\,724 \cdot 1\,723}{2\,000 \cdot 1\,999} = 74{,}3\,\%$

d) $P(d) = \frac{2 \cdot 1\,999 + 5 \cdot 4}{2\,000 \cdot 1\,999} = 0{,}1005\,\%$

Kapitel 38
Probleme des Alltags

38.1   L-15.1 Spiritusmischung (070511)

Wir bezeichnen die Massen der beiden Spiritussorten mit m_1 und m_2 und erhalten:

$$m_1 + m_2 = 1\,000 \ (1)$$
$$0{,}77m_1 + 0{,}87m_2 = 0{,}8 \cdot 1\,000 \ (2)$$
$$(1) \Rightarrow m_2 = 1000 - m_1$$
$$\text{in } (2) \Rightarrow 0{,}77m_1 + 870 - 0{,}87m_1 = 800$$
$$\Rightarrow 70 = 0{,}1m_1$$
$$\Rightarrow m_1 = 700$$

Wir benötigen also 700 g von der einen und 300 g von der anderen Sorte.

38.2   L-15.2 Mathematikprüfung (070512)

Wir bezeichnen mit x die Anzahl der gelösten, mit y die Anzahl der ungelösten Aufgaben und mit $n(= x + y)$ die Gesamtzahl der Aufgaben. Aus der Antwort von Anton können wir folgern:

$$x = y + 31 \ (1)$$
$$x + 2y < 100 \ (2)$$
$$x + \frac{y}{3} > 45 \ (3)$$
$$\frac{y}{3} \in \mathbb{N} \Rightarrow y = 3k, \ k \in \mathbb{N} \ (4)$$

© Springer-Verlag GmbH Deutschland, ein Teil von Springer Nature 2020
P. Jainta und L. Andrews, *Mathe ist noch viel mehr*,
https://doi.org/10.1007/978-3-662-60682-7_38

- Aus (4) erhalten wir mit (1) und (2): $(3k + 31) + 6k < 100 \Rightarrow 9k < 69 \Rightarrow k \le 7$
- Aus (4) erhalten wir mit (1) und (3): $(3k + 31) + k > 45 \Rightarrow 4k > 14 \Rightarrow k > 3$

Somit gilt $k \in \{4, 5, 6, 7\}$. Die Anzahl der Aufgaben, deren Lösung sich Anton vorgenommen hat, ist also nicht eindeutig bestimmbar. Wir erhalten die folgenden Möglichkeiten für x, y und n:

$$k = 4 \Rightarrow y = 12,\ x = 43,\ n = 55$$
$$k = 5 \Rightarrow y = 15,\ x = 46,\ n = 61$$
$$k = 6 \Rightarrow y = 18,\ x = 49,\ n = 67$$
$$k = 7 \Rightarrow y = 21,\ x = 52,\ n = 73$$

38.3   L-15.3 Farbige Kugeln (070613)

Wir bezeichnen die roten Kugeln mit r bzw. R, die weißen Kugel mit w bzw. W und die blauen Kugeln mit b bzw. B (kleine Buchstaben für kleine und große für große Kugeln). Nun wissen wir, dass gilt:

$$r + R = 20 \ (1)$$
$$w + W = 30 \ (2)$$
$$b + B = 60 \ (3)$$
$$R + W + B = 25 \ (4)$$
$$B - R - W = 7 \ (5)$$
$$b + w - r = 53 \ (6)$$

- Aus den Gl. (4) und (5) erhalten wir durch Addition $2B = 32$ und damit $B = 16$, und mit (3) erhalten wir $b = 44$ und mit (4) $R + W = 25 - B = 9$ (7). Dies eingesetzt in (6) ergibt $w - r = 53 - b = 53 - 44 = 9$ (8).
- Aus den Gl. (1) und (2) erhalten wir durch Addition $r + w = 20 + 30 - (R - W) = 50 - 9 = 41$ (9).
- Aus den Gl. (8) und (9) erhalten wir durch Addition $2w = 50$ und somit $w = 25$, mit (2) erhalten wir $W = 5$, mit (7) $R = 4$ und mit (1) $r = 16$.

Achim besitzt also 16 kleine und vier große rote Kugeln, 25 kleine und fünf große weiße Kugeln sowie 44 kleine und 16 große blaue Kugeln.

38.4   L-15.4 Wasser im Glasquader (070621)

Für das Volumen eines Quaders gilt $V = l \cdot b \cdot h$, wobei l die Länge, b die Breite und h die Höhe des Quaders ist. Wir erhalten somit:

$$l \cdot b \cdot 2\,\text{cm} = 6\,000\,\text{cm}^3 \Rightarrow l \cdot b = 3\,000\,\text{cm}^2$$
$$l \cdot h \cdot 3\,\text{cm} = 6\,000\,\text{cm}^3 \Rightarrow l \cdot h = 2\,000\,\text{cm}^2$$
$$b \cdot h \cdot 2{,}5\,\text{cm} = 6\,000\,\text{cm}^3 \Rightarrow b \cdot h = 2\,400\,\text{cm}^2$$

$$V \cdot V = lb \cdot lh \cdot bh = 144 \cdot 10^8\,\text{cm}^6 \Rightarrow V = 12 \cdot 10^4\,\text{cm}^3 = 120\,\text{l}$$

$$h = \frac{V}{lb} = \frac{120\,000}{3\,000}\,\text{cm} = 40\,\text{cm}$$
$$b = \frac{V}{lh} = \frac{120\,000}{6\,000}\,\text{cm} = 60\,\text{cm}$$
$$l = \frac{V}{bh} = \frac{120\,000}{2\,400}\,\text{cm} = 50\,\text{cm}$$

Kapitel 39
... mal was ganz anderes

39.1 L-16.1 Rechensystem (070212)

Da die Einerziffer des Produkts 0 und die Einerziffer des zweiten Faktors 2 ist, kann die Einerziffer des ersten Faktors nur 0 oder 5 sein. In beiden Fällen gilt für das erste Teilprodukt: Die Einerziffer ist 0. Als Übertrag zur Zehnerziffer ist nur 0 oder 1 möglich. Diese Berechnung führt somit auf $2 \cdot 8 + 0 = 16$ oder $2 \cdot 8 + 1 = 17$, in beiden Fällen mit Übertrag 1 in der Hunderterstelle. Wird die Hunderterstelle h des ersten Faktors mit 2 multipliziert und der Übertrag 1 addiert, so ergibt sich die angegebene Hunderterziffer 7 des ersten Teilprodukts. Wir erhalten also $2h + 1 = 7$ und damit $h = 3$. Somit muss der erste Faktor entweder 380 oder 385 sein. Das zweite Teilprodukt kann also nur dann die angegebene Hunderterziffer 3 haben, wenn die Zehnerziffer des zweiten Faktors 1 ist, dieser also 412 lautet. Es können also nur folgende zwei Eintragungen den Forderungen der Aufgabe genügen:

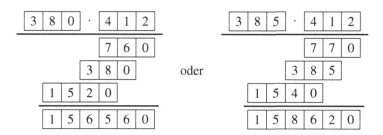

39.2 L-16.2 Eine Kugel auf der Waage (070322)

Wir führen die folgenden Bezeichnungen ein: Dreieck $= d$, Kreis $= k$, leeres Quadrat $= q$ und das volle Quadrat $= v$.

© Springer-Verlag GmbH Deutschland, ein Teil von Springer Nature 2020
P. Jainta und L. Andrews, *Mathe ist noch viel mehr,*
https://doi.org/10.1007/978-3-662-60682-7_39

Es gilt:

(1) $k = d + v$
(2) $k + d = q$
(3) $2q = 3v$

Aus (2) und (3) folgt (2') $2k+2d = 2q = 3v$. Aus 3 mal (1) folgt (1') $3k = 3d+3v$. (1') $-$ (2') : $3k - 2k - 2d = 3d + 3v - 3v = 3d \Rightarrow k = 5d$. Ein Kreis entspricht fünf Dreiecken. Das Fragezeichen muss also durch fünf Dreiecke ersetzt werden.

39.3   L-16.3 Goldschatz (070611)

Wir bezeichnen die Anzahl der Goldstücke mit x. Da die Anzahl x durch 16 teilbar ist, folgt daraus $x = 16y$ und $y \in \mathbb{N}$. Wir erhalten nun:

$\frac{1}{19}(\frac{15}{16} \cdot x) = \frac{15y}{19} \in \mathbb{N} \Rightarrow y = 19z$ und $z \in \mathbb{N}$
$\frac{1}{25}(\frac{18}{19} \cdot 15 \cdot 19 \cdot z) = \frac{18 \cdot 3 \cdot z}{5} \in \mathbb{N} \Rightarrow z = 5k \; k \in \mathbb{N}$
$\Rightarrow x = 16 \cdot 19 \cdot 5 \cdot k = 1520 \cdot k$
Für $k = 1$ erhalten wir die Mindestanzahl 1520 der Goldstücke.

Probe: $1520 \div 16 = 95$; $(1520 - 95 = 1425) \div 19 = 75$; $(1425 - 75 = 1350) \div 25 = 54$

Kapitel 40
Zahlentheorie II

40.1   L-17.1 Vierstellige Zahl gesucht (090111)

Die vierstellige Zahl N lässt sich im Dezimalsystem wie folgt darstellen: $N = 1000a + 100b + 10c + d$ mit $0 < a \leq 9\, 0 \leq b, c, d \leq 9\, a, b, c, d \in N$

Die geforderten Operationen führen auf die diophantische Gleichung

$$1000a + 100b + 10c + d - 100a - 10b - c + 10a + b + a = 911a + 91b + 9c + d$$
$$= 1992. \qquad (40.1)$$

Daraus folgt $911a = 1992 - (91b + 9c + d)$. Mit $0 \leq 91b + 9c + d \leq 909$ erhalten wir $1083 \leq 911a \leq 1992$. Dies ist nur für $a = 2$ möglich. Damit vereinfacht sich Gl. (40.1) zu

$$91b + 9c + d = 170. \qquad (40.2)$$

Da $91b = 170 - 9c - d$ und $0 \leq 9c + d \leq 90$ gilt, erhalten wir $80 \leq 91b \leq 170$, was nur für $b = 1$ möglich ist. Somit vereinfacht sich Gl. (40.2) zu

$$9c + d = 79. \qquad (40.3)$$

Da $9c = 79 - d$ mit $0 \leq d \leq 9$ gilt, erhalten wir $70 \leq 9c \leq 79$, was nur für $c = 8$ möglich ist. Schließlich erhalten wir $d = 79 - 72 = 7$. Es ist also $N = 2187$.

Probe: $2187 - 218 - 21 - 2 = 1992$.

© Springer-Verlag GmbH Deutschland, ein Teil von Springer Nature 2020
P. Jainta und L. Andrews, *Mathe ist noch viel mehr,*
https://doi.org/10.1007/978-3-662-60682-7_40

40.2   L-17.2 Nicht zu kürzen (090121)

Es gilt $\frac{21n+4}{14n+3} = 1 + \frac{7n+1}{14n+3}$ $(n \in \mathbb{N})$. Dabei ist $\frac{7n+1}{14n+3}$ ein echter Bruch. Wenn der gegebene Bruch kürzbar sein soll, muss es auch $\frac{7n+1}{14n+3}$ sein. Dann wäre allerdings auch sein Kehrbruch $\frac{14n+3}{7n+1}$ kürzbar. Nun gilt $\frac{14n+3}{7n+1} = 2 + \frac{1}{7n+1}$. Da aber $\frac{1}{7n+1}$ stets ein Stammbruch, d.h. vollständig gekürzt ist, sind auch die übrigen Brüche nicht weiter kürzbar.

40.3   L-17.3 Eine durch 3 teilbar (090212)

Es seien $a \neq b$ die beiden gegebenen natürlichen Zahlen. Weiter gilt $k, l, m, n \in \mathbb{N}$.

- Gilt $3 \mid a$ oder $3 \mid b$, dann gilt $3 \mid ab$.
- Bei der Division durch 3 lassen and a und b die gleichen Reste, also $a = 3k + 1$ und $b = 3l + 1$ oder $a = 3m + 2$ und $b = 3n + 2$. Dann gilt $a - b = 3(k - l) = 3(m - n) \Rightarrow 3 \mid (a - b)$.
- a und b lassen bei der Division durch drei verschiedene Reste, also $a = 3k + 1$ und $b = 3l + 2$ oder $a = 3m + 2$ und $b = 3n + 1$. Dann gilt $(a + b) = 3(k + l) + 3 = 3(m + n) + 3 \Rightarrow 3 \mid (a + b)$.

40.4   L-17.4 1994 zerlegt (090221)

Es gilt $\frac{1}{5} < \frac{19}{94} < \frac{1}{4}$. Aus $\frac{19}{94} - \frac{1}{5} = \frac{19 \cdot 5 - 94}{470} = \frac{1}{470}$ folgt $\frac{19}{94} = \frac{1}{5} + \frac{1}{470}$.

40.5   L-17.5 Drei aus Vier (090223)

Zunächst finden wir die drei Bedingungen, die sich nicht widersprechen. Angenommen Bedingung (3) wird durch das Paar (a, b) erfüllt. Da $3 \mid (a + b)$ und $3 \mid 6b$, muss 3 auch ein Teiler von $a + b + 6b = a + 7b$ sein. Da $a + 7b > 3$ ist, widerspricht dies Bedingung (4). Somit können Bedingung (3) und (4) nicht gleichzeitig gelten. Also müssen Bedingung (1) und (2) wahr sein. Nun erfülle das Paar (a, b) die Bedingung (1) und (2).

Aus Bedingung (2) folgt $a + b = 2b + 5 + b = 3b + 5$, und dies ist nach Bedingung (3) kein Vielfaches von 3. Also ist Bedingung (3) falsch.

Nun können wir alle Paare (a, b) finden, die Bedingung (1), (2) und (4), aber nicht Bedingung (3), erfüllen. Aus Bdeingung (2) folgt: $a + 1 = 2b + 5 + 1 = 2b + 6$. Aus Bedingung (1) folgt: $b \mid (a + 1) \Rightarrow b \mid 6$. Mit Bedingung (2) und (4) erhalten wir: $a + 7b = 9b + 5$ ist eine Primzahl.

Unter allen Teilern von 6 erfüllen nur 2 und 6 diese Bedingung. Die Lösungspaare (a, b) sind somit $(9, 2)$ und $(17, 6)$.

40.6 L-17.6 Ganz wird Quadrat (090311)

Es soll $x^2 + 19x + 94 = y^2$, $y \in \mathbb{Z}$ gelten. Nach Multiplizieren beider Seiten mit 4 und anschließender quadratischer Ergänzung erhalten wir:

$$4y^2 = 4x^2 + 76x + 376$$
$$(2y)^2 = (2x + 19)^2 + 15$$
$$15 = (2y)^2 - (2x + 19)^2$$

Mit $a := 2y$ und $b := 2x + 19$ erhalten wir schließlich:

$$15 = a^2 - b^2 = (a - b)(a + b),\ a, b \in \mathbb{Z}$$

Es gibt genau acht mögliche Faktorisierungen von 15:

$$15 = \pm 5 \cdot \pm 3 = \pm 3 \cdot \pm 5 = \pm 15 \cdot \pm 1 = \pm 1 \cdot \pm 15$$

Damit erhalten wir für das Paar $(a; b)$ folgende mögliche Werte:

$$(a; b) \in \{(4; -1), (-4; 1), (-4; -1), (8; -7), (8; 7), (-8; 7), (-8; -7)\}$$

Somit kann b nur die Werte $-1, 1, -7$ und 7 annehmen. Wegen $x = \frac{b-19}{2}$ bleiben daher für x nur diese Belegungen: $x \in \{-13; -10; -9; -6\}$. Der Term $x^2 + 19x + 94$ wird also quadratisch für die angegeben Werte für x.

Probe: Setzen wir die Werte ein, erhalten wir:

$$T(-13) = 169 - 247 + 94 = 16 = 4^2$$
$$T(-10) = 100 - 190 + 94 = 4 = 2^2$$
$$T(-9) = 81 - 171 + 94 = 4 = 2^2$$
$$T(-6) = 36 - 114 + 94 = 16 = 4^2$$

40.7 L-17.7 Zahlenlogik (090411)

Die Zahl an der Tafel heiße N. Ist $2n$ kein Teiler von N, so auch nicht n. Da n und $2n$ für $n > 1$ nicht unmittelbar aufeinanderfolgende Zahlen sind, müssen demnach $2, 3, 4, 5$ und 6 Teiler von N sein. Daraus schließen wir weiter: Da $10 = 2 \cdot 5$ und $12 = 3 \cdot 4$ müssen auch 10 und 12 die Zahl N teilen. Demnach können 11 und 13 nicht unter den Nicht-Teilern von N sein.

Bleiben also die möglichen Nicht-Teiler $7, 8$ und 9.

Tab. 40.1 Zahlendifferenzen

47	48	49	50	51	52	53	54	55	56
51	49	53	52	47	50	54	55	56	48
−4	−1	−4	−2	+4	+2	−1	−1	−1	+8
4	1	4	2	4	2	1	1	1	8

- Fall 1: 8 und 9 teilen N nicht. Das kgV aller verbleibenden Teiler beträgt $3 \cdot 4 \cdot 5 \cdot 7 \cdot 11 \cdot 13 = 60\,060$. Diese Zahl ist aber größer als $50\,000$. Dieser Fall kann also nicht eintreten.
- Fall 2: 7 und 8 teilen N nicht. Das kgV der verbleibenden Teiler ist jetzt $4 \cdot 5 \cdot 9 \cdot 11 \cdot 13 = 25\,740$. Dieses Produkt ist aber kleiner als $50\,000$, und es gilt $k \cdot 25\,740 > 50\,000$ für $k \geq 2$.

Die angeschriebene Zahl heißt demnach $25\,740$.

40.8 L-17.8 Zahlendifferenzen (090511)

Wir nehmen an, dass alle Unterschiede verschieden voneinander sind. Als Unterschiede kommen nur die zehn Zahlen 0 bis 9 in Frage. Da es zehn Unterschiede gibt, muss jeder Unterschied genau einmal vorkommen. Die Summe aller Unterschiede beträgt dann $0 + 1 + 2 + 3 + 4 + 5 + 6 + 7 + 8 + 9 = 45$.

Wir betrachten neben den Unterschieden auch die vorzeichenbehafteten Differenzen (siehe dazu das Beispiel in Tab. 40.1). Die Summe der Differenzen ergibt null, da jede der zehn Zahlen genau einmal als Subtrahend und einmal als Minuend auftritt. Im Beispiel sehen wir:

$$
\begin{aligned}
(-4) + (-1) + (-4) + \ldots + (+8) &= (47 - 51) + (48 - 49) + (49 - 53) \\
&\quad + \ldots + (56 - 48) \\
&= 47 + 48 + \ldots 56 - (47 + 48 + \ldots 56) \\
&= 0
\end{aligned}
$$

Die Summe der Unterschiede entsteht aus der Summe der Differenzen durch Betragbildung aus den einzelnen Summanden. Ersetzt man in einer Summe ganzer Zahlen einen Summanden durch seinen Betrag, so ändert sich der Wert der Summe um eine gerade Zahl (oder gar nicht). Somit muss sich die Summe der Differenzen (null) von der Summe der Unterschiede (45) um eine gerade Zahl unterscheiden. Das ist ein Widerspruch zu unserer Annahme. Somit gibt es mindestens zwei Unterschiede, die gleich sind.

40.9 L-17.9 Vier und eins dazu (090512)

Es sei $n \in \mathbb{N}$ die erste der vier Zahlen. Dann erhalten wir:

$$n \cdot (n+1) \cdot (n+2) \cdot (n+3) + 1 = n^4 + 6n^3 + 11n^2 + 6n + 1$$

Ansatz: $(n^2 + an + 1)^2 = n^4 + 2an^3 + (a^2 + 2)n^2 + 2an + 1$.

Wir erhalten durch Koeffizientenvergleich $2a = 6$ und $a^2 + 2 = 11$, d. h. $a = 3$.

Also gilt $n \cdot (n+1) \cdot (n+2) \cdot (n+3) + 1 = (n^2 + 3n + 1)^2$. Wäre die linke Seite dieser Gleichung eine vierte Potenz, so wäre $n^2 + 3n + 1$ eine Quadratzahl. Es gilt aber $(n+1)^2 = n^2 + 2n + 1 < n^2 + 3n + 1 < n^2 + 4n + 4 = (n+2)^2$, d. h., $n^2 + 3n + 1$ liegt echt zwischen zwei unmittelbar aufeinanderfolgenden Quadratzahlen und kann somit keine Quadratzahl sein.

40.10 L-17.10 Zahlenwisch (110513)

Wir nummerieren die 100 Stammbrüche wie folgt: $a_1, a_2, a_3, \ldots, a_{100}$. O. B. d. A. ersetzen wir das erste Paar a_1, a_2 durch den Term $a_1 + a_2 + a_1 a_2$. Wegen

$$1 + a_1 + a_2 + a_1 a_2 - 1 = (1 + a_1)(1 + a_2) - 1$$

ist $(a_1 + a_2 + a_1 a_2)$ äquivalent zum um 1 verminderten Produkt $(1 + a_1)(1 + a_2)$. Analog können wir nun etwa die Zahlen $(1 + a_1)(1 + a_2) - 1$ und a_3 ersetzen durch die Zahl

$$\begin{aligned}
(1 + a_1)(1 + a_2) - 1 + a_3 + a_3[(1 + a_1)(1 + a_2) - 1] &= (1 + a_1)(1 + a_2) - 1 \\
&\quad + a_3 - a_3 + (1 + a_1)(1 + a_2)a_3 \\
&= (1 + a_1)(1 + a_2)(1 + a_3) - 1.
\end{aligned}$$

Offenbar erhalten wir auf diese Weise nach 99-maliger Wiederholung die Zahl

$$\begin{aligned}
P &= (1 + a_1)(1 + a_2)(1 + a_3) \cdot \ldots \cdot (1 + a_{100}) - 1 \\
&= (1 + 1)(1 + \frac{1}{2})(1 + \frac{1}{3}) \cdot \ldots \cdot (1 + \frac{1}{100}) - 1 \\
&= 2 \cdot \frac{3}{2} \cdot \frac{4}{3} \cdot \ldots \cdot \frac{101}{100} - 1 = 100.
\end{aligned}$$

Die Zahl 100 bleibt zuletzt an der Tafel stehen.

40.11   L-17.11 Kürzbar? (090522)

Der Bruch ist kürzbar, wenn sein Kehrbruch kürzbar ist. Dieser lässt sich umformen.
So erhalten wir

$$\frac{n^2 + 2}{n - 3} = \frac{n^2 - 9 + 11}{n - 3} = \frac{(n - 3)(n + 3) + 11}{n - 3} = n + 3 + \frac{11}{n - 3} \quad (n \neq 0).$$

Der Bruch ist genau dann kürzbar, wenn $n - 3$ ein Vielfaches von 11 ist, d. h., n die
Form $n = k \cdot 11 + 3$ hat. Dabei ist k eine beliebige natürliche Zahl. Die kleinsten
Werte von n sind $14, 25, 36, 47, 58, \ldots$

40.12   L-17.12 99 Brüche (090613)

Zähler und Nenner der Brüche lassen sich faktorisieren:

$$T(n) = \frac{n^3 - 1}{n^3 + 1} = \frac{(n - 1)(n^2 + n + 1)}{(n + 1)(n^2 - n + 1)} = \frac{a_n \cdot b_n}{c_n \cdot d_n}$$

mit den Abkürzungen $a_n = n - 1$, $b_n = n^2 + n + 1$, $c_n = n + 1$ und $d_n = n^2 - n + 1$.

Vergleicht man die Faktorisierungen aufeinanderfolgender Brüche, so erkennt
man $d_{n+1} = (n + 1)^2 - (n + 1) + 1 = n^2 + n + 1 = b_n$ und $a_{n+2} = (n + 2) - 1 = n + 1 = c_n$.

Wir bilden das Produkt der 99 Brüche $T(2), T(3), \ldots, T(100)$ und erhalten:

$$\frac{a_2 b_2}{c_2 d_2} \cdot \frac{a_3 b_3}{c_3 d_3} \cdot \frac{a_4 b_4}{c_4 d_4} \cdot \ldots \cdot \frac{a_{98} b_{98}}{c_{98} d_{98}} \cdot \frac{a_{99} b_{99}}{c_{99} d_{99}} \cdot \frac{a_{100} b_{100}}{c_{100} d_{100}} = \frac{a_2 a_3 a_4 \cdot \ldots \cdot a_{98} a_{99} a_{100}}{c_2 c_3 c_4 \cdot \ldots \cdot c_{98} c_{99} c_{100}} \cdot \frac{b_2 b_3 b_4 \cdot \ldots \cdot b_{98} b_{99} b_{100}}{d_2 d_3 d_4 \cdot \ldots \cdot d_{98} d_{99} d_{100}}$$

Nun lässt sich a_4 mit c_2, a_5 mit c_3, $\ldots$, a_{100} mit c_{98} kürzen, ebenso b_2 mit d_3, b_3
mit d_4, $\ldots$, b_{99} mit d_{100}. Nur a_2, a_3, c_{99}, c_{100}, b_{100} und d_2 haben keinen „Partner"
zum Kürzen. Wir erhalten somit als gekürztes Produkt der 99 Brüche:

$$\frac{a_2 a_3 b_{100}}{c_{99} c_{100} d_2} = \frac{1 \cdot 2 \cdot (100^2 + 100 + 1)}{100 \cdot 101 \cdot (2^2 - 2 + 1)} = \frac{2 \cdot 10\,101}{3 \cdot 10\,100} > \frac{2}{3}.$$

40.13   L-17.13 Günstige Zahlen (110612)

Es sei $n = 3x^2 + 32y^2$ mit $x, y > 0$, $x, y \in \mathbb{Z}$. Daraus folgt $96n = 96 \cdot 3x^2 + 96 \cdot 32y^2 = 3 \cdot 32 \cdot 3x^2 + 3 \cdot 32 \cdot 32y^2 = 3 \cdot (32y)^2 + 32 \cdot (3x)^2$.

Der Term $96n$ hat ebenfalls die Darstellung $3 \cdot x_1^2 + 32y_1^2$ mit $x_1 = 32y$ und $y_1 = 3x$. Nun ist

$$
\begin{aligned}
97 \cdot n &= n + 96 \cdot n \\
&= 3x^2 + 32y^2 + 3(32y)^2 + 32(3x)^2 \\
&= 3[x^2 + (32y)^2] + 32[y^2 + (3x)^2] \\
&= 3[(x + 32y)^2 - 64xy] + 32[y^2 + (3x)^2] \text{ (quadratische Ergänzung)} \\
&= 3[(x + 32y)^2] - 192xy + 32[y^2 + (3x)^2] \\
&= 3[(x + 32y)^2] - 32 \cdot 6xy + 32[y^2 + (3x)^2] \\
&= 3(x + 32y)^2 + 32[y^2 - 6xy + (3x)^2] \text{ (binomische Formel)} \\
&= 3(x + 32y)^2 + 32(y - 3x)^2 \\
&= 3x_2^2 + 32y_2^2 \text{ mit } x_2 = x + 32y;\, y_2 = y - 3x.
\end{aligned}
$$

Damit ist $97 \cdot n$ günstig.

Kapitel 41
Funktionen, Ungleichungen, Folgen und Reihen

41.1 L-18.1 Funktionswert gesucht (090123)

Wir verwenden mehrmals Bedingung (3) und stellen dazu um:

$$f(x, x+y) = f(x, y) \cdot \frac{x+y}{2x+y}$$

Nun erhalten wir der Reihe nach:

$$
\begin{aligned}
f(19{,}93) &= \frac{93}{112} \cdot f(19{,}74) = \frac{\cancel{93}}{112} \cdot \frac{74}{\cancel{93}} \cdot f(19{,}55) \\
&= \frac{\cancel{74}}{112} \cdot \frac{55}{\cancel{74}} \cdot f(19{,}36) = \frac{\cancel{55}}{112} \cdot \frac{36}{\cancel{55}} \cdot f(19{,}17) = \frac{36}{112} \cdot \underbrace{f(17{,}19)}_{\text{wg. (1)}} \\
&= \frac{\cancel{36}}{112} \cdot \frac{19}{\cancel{36}} \cdot f(17{,}2) = \frac{19}{112} \cdot f(2{,}17) = \frac{\cancel{19}}{112} \cdot \frac{17}{\cancel{19}} \cdot f(2{,}15) \\
&= \frac{\cancel{17}}{112} \cdot \frac{15}{\cancel{17}} \cdot f(2{,}13) = \frac{\cancel{15}}{112} \cdot \frac{13}{\cancel{15}} \cdot f(2{,}11) = \frac{\cancel{13}}{112} \cdot \frac{11}{\cancel{13}} \cdot f(2{,}9) \\
&= \frac{\cancel{11}}{112} \cdot \frac{9}{\cancel{11}} \cdot f(2{,}7) = \frac{\cancel{9}}{112} \cdot \frac{7}{\cancel{9}} \cdot f(2{,}5) = \frac{\cancel{7}}{112} \cdot \frac{5}{\cancel{7}} \cdot f(2{,}3) \\
&= \frac{\cancel{5}}{112} \cdot \frac{3}{\cancel{5}} \cdot f(1{,}2) = \frac{\cancel{3}}{112} \cdot \frac{2}{\cancel{3}} \cdot \underbrace{f(1{,}1)}_{=1 \text{ wg. (2)}} = \frac{1}{56}
\end{aligned}
$$

41.2 L-18.2 Ungleichung (090523)

Durch äquivalentes Umformen der Ungleichung erhalten wir:

© Springer-Verlag GmbH Deutschland, ein Teil von Springer Nature 2020
P. Jainta und L. Andrews, *Mathe ist noch viel mehr,*
https://doi.org/10.1007/978-3-662-60682-7_41

$$3(1 + a^2 + a^4) \geq (1 + a + a^2)^2$$
$$\Leftrightarrow 3(1 + a^2 + a^4) - (1 + a + a^2)^2 \geq 0$$
$$\Rightarrow 2a^4 - 2a^3 - 2a + 2 = 2(a - 1)(a^3 - 1) \geq 0$$

Für $a = 1$ erhalten wir Gleichheit, und für $a \neq 1$ haben beide Faktoren (in den Klammern) das gleiche Vorzeichen. Also ist der Term positiv, woraus die Behauptung folgt.

41.3   L-18.3 Dieselbe Quersumme in Folge (110521)

Die Zahlenfolge ist eine arithmetische Folge mit dem Bildungsgesetz

$$a_n = (n + 1) \cdot 1997 - 1.$$

Das erste Glied der Folge ist $a_0 = 1996 + 0 \cdot 1997$.

Die Folgenglieder $a_{10\,000}$, $a_{100\,000}$, $a_{1\,000\,000}$, ... besitzen jeweils die selbe Quersumme, nämlich 51, denn

$$a_{10\,000} = 1996 + 10\,000 \cdot 1997 = 19\,971\,996,$$
$$a_{100\,000} = 1996 + 100\,000 \cdot 1997 = 199\,701\,996,$$
$$a_{1\,000\,000} = 1996 + 1\,000\,000 \cdot 1997 = 1\,997\,001\,996,$$

$$\ldots$$

Selbst wenn keine weiteren Folgenglieder mit derselben Quersumme zwischen den angegebenen liegen, gibt es dennoch unendlich viele mit der Quersumme 51.

41.4   L-18.4 Polynomwert niemals 1998 (110621)

Es gelte: $p(a) = p(b) = p(c) = p(d) = 1991$ für $a \neq b \neq c \neq d \in \mathbb{Z}$. Die Gleichung $p(x) - 1991 = 0$ besitzt dann vier verschiedene Lösungen a, b, c und d. Das Polynom $p(x) - 1991$ lässt sich folgendermaßen darstellen:

$$p(x) - 1991 = (x - a)(x - b)(x - c)(x - d) \cdot q(x)$$ wobei $q(x)$ ein Polynom vom Grad $n - 4$ mit ganzzahligen Koeffizienten ist.

Wir nehmen an, dass $p(n) = 1998$ für gewisse $n \in \mathbb{Z}$ gilt. Daraus folgt $p(n) - 1991 = 1998 - 1991 = 7 = (n - a)(n - b)(n - c)(n - d) \cdot q(n)$.

Damit wäre die Primzahl 7 als Produkt von mindestens vier verschiedenen ganzzahligen Faktoren darstellbar. Dies ist ein Widerspruch. Also ist die Annahme falsch und die Behauptung wahr.

41.5 L-18.5 Funktionswert berechnen (110622)

Wegen Bedingung (2) gilt auch

$$f(1) + f(2) + \ldots + f(n-1) = (n-1)^2 \cdot f(n-1)$$
$$\Rightarrow (n-1)^2 f(n-1) + f(n) = n^2 f(n)$$
$$\Rightarrow (n-1)^2 f(n-1) = (n^2 - 1) f(n).$$

Wir erhalten die Rekursionsgleichung: $f(n) = \frac{(n-1)^2}{n^2-1} \cdot f(n-1) = \frac{n-1}{n+1} f(n-1)$.

Nach mehrmaligem Anwenden dieser Beziehung erhalten wir schließlich:

$$f(n) = \frac{n-1}{n+1} f(n-1) = \frac{n-1}{n+1} \cdot \frac{n-2}{n} f(n-2)$$
$$= \ldots = \frac{(n-1)(n-2)(n-3) \cdot \ldots \cdot 2 \cdot 1}{(n+1)n(n-1) \cdot \ldots \cdot 4 \cdot 3} \cdot f(n)$$
$$= \frac{2 \cdot f(1)}{n(n+1)}$$

Wegen $f(1) = 999$ folgt daraus $f(1\,998) = \frac{2 \cdot 999}{1\,998 \cdot 1\,999} = \frac{1}{1\,999}$.

Kapitel 42
Winkel und Seiten

42.1 L-19.1 Winkel im Quadrat (090112)

Wir entnehmen alle Bezeichnungen aus Abb. 42.1.

Wir verlängern die Strecke $\overline{DC}$ über D bis E mit $|DC| = |DE|$. Nun zeichnen wir die Strecke $\overline{EA}$. Es gilt $|\sphericalangle ACM| = 45° - \tau$ und $|\sphericalangle CAM| = \tau$. Also gilt $|\sphericalangle AMC| = 180° - \tau - (45° - \tau) \Rightarrow |\sphericalangle AMC| = 135°$.

Da weiter $|\sphericalangle AED| = 45°$ ($EA \parallel DB$, da Diagonalen), ist das Viereck $ECMA$ ein Sehnenviereck (gegenüberliegende Winkel ergänzen sich jeweils zu 180°, z.B. $|\sphericalangle EAM| + |\sphericalangle MCE| = 90° + \tau + 90° - \tau = 180°$).

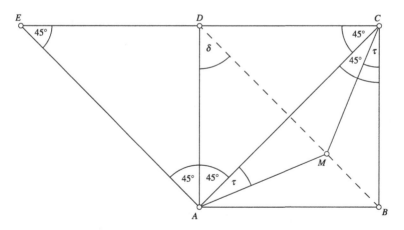

Abb. 42.1 Winkel im Quadrat

© Springer-Verlag GmbH Deutschland, ein Teil von Springer Nature 2020
P. Jainta und L. Andrews, *Mathe ist noch viel mehr,*
https://doi.org/10.1007/978-3-662-60682-7_42

Da $|\sphericalangle EAC| = 90°$ gilt, ist $\overline{EC}$ ein Durchmesser des Umkreises von $ECMA$. Also muss $|DA| = |DM| = |DC|$ gelten. Mithin ist das Dreieck DAM gleichschenklig mit dem Scheitelwinkel $\delta = 180° - 2 \cdot |\sphericalangle DAM|$.

$\Rightarrow \delta = 180° - 2 \cdot (45° + \tau) = 90° - 2\tau.$

42.2   L-19.2 Dreieck, Umkreis und Winkelhalbierende (090321)

Wir legen die Winkel α, β und γ wie in Abb. 42.2 zu sehen fest. Die Punkte G und P sind Schnittpunkte der Sehnen $\overline{EF}$ und $\overline{AD}$ bzw. $\overline{EF}$ und $\overline{AB}$.

Damit gilt: $\sphericalangle DGF = \sphericalangle FCB = \gamma$ (Umfangswinkel über der Sehne $\overline{BF}$).
  Weiterhin gilt:

$$|\sphericalangle DGF| = |\sphericalangle GAP| + |\sphericalangle GPA| \quad \text{(Außenwinkel im Dreieck } APG)$$
$$= \alpha + |\sphericalangle PEB| + |\sphericalangle EBP| \quad \text{(Außenwinkel im Dreieck } EBP)$$
$$= \alpha + \beta + \gamma \; , \text{ wegen } |\sphericalangle PEB| = |\sphericalangle FEB|$$
$$= \frac{1}{2}(|\sphericalangle CAB| + |\sphericalangle CBA| + |\sphericalangle ACB|$$
$$= 0,5 \cdot 180° = 90°$$

Somit gilt: $\overline{EF} \perp \overline{AD}$.

Abb. 42.2 Dreieck, Umkreis und Winkelhalbierende

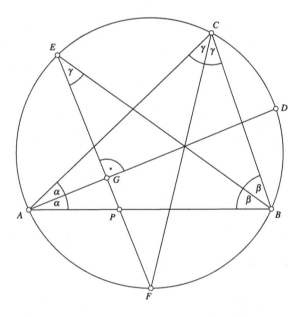

42.3 L-19-3 Gleichschenklige Dreiecke (090422)

a) Wir verbinden die Ecken des Dreiecks mit dem Umkreismittelpunkt (Schnittpunkt der Mittelsenkrechten) und erhalten die geforderte Zerlegung.
b) Wir errichten vom Endpunkt der kürzeren der beiden, den 45°-Winkel ein-
   schließenden Seiten, das Lot auf die längere (Abb. 42.3, links). Wir erhalten
   auf diese Weise zwei rechtwinklige Dreiecke. Das kleinere ist gleichschenklig-
   rechtwinklig. Die Seitenhalbierende vom Lotfußpunkt zerlegt das größere rechtwinklige Dreieck in zwei ebenfalls gleichschenklige Teildreiecke.
c) Der Winkel bei C ist das Siebenfache des Winkels bei B (Abb. 42.3, rechts).

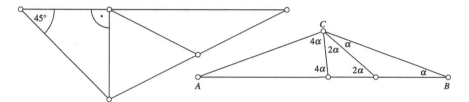

Abb. 42.3 Gleichschenklige Dreiecke

42.4 L-19.4 Noch mehr gleichschenklige Dreiecke (090513)

Wir betrachten ein Dreieck ABC wie in der Aufgabe beschrieben. Eine Spiegelung
von Punkt A an der Geraden BC ergibt Punkt D (Abb. 42.4). Die Gerade BC
schneidet die Strecke $\overline{AD}$ im Punkt E. Der Winkel $\delta = \angle ACE$ ist Außenwinkel im
Dreieck ABC, und es gilt $|\angle ACE| = 30°$ und $|\angle DCA| = 2\delta = 2 \cdot 30° = 60°$.

Das Dreieck ACD ist gleichschenklig mit Spitzenwinkel 60°, somit gleichseitig.
Also ist $|AD| = s$, und das Dreieck ABD ist das gesuchte Dreieck mit Schenkellänge
b und Basis s. Wir erhalten dann: $|\angle BAD| = |\angle BAC| + |\angle CAD| = 15° + 60° =$
$75°$.

Die Größe der Basiswinkel im zweiten Dreieck beträgt also 75°.

Abb. 42.4 Noch mehr
gleichschenklige Dreiecke

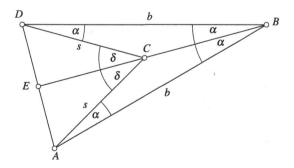

42.5   L-19.5 Halbkreis und Kreis im Dreieck (090611)

Die Figur (Abb. 42.5) ist symmetrisch zur Gerade AM. Daher liegt der Mittelpunkt M_k des kleinen Kreises k auf AM. Die Berührpunkte der Kreise K (mit Radius R) und k (mit Radius r) mit der Dreiecksseite $\overline{AB}$ sollen F und F_k heißen.

Die Strecken $\overline{MF}$ und $\overline{M_k F_k}$ sind wegen der Tangenteneigenschaft der Dreiecksseite $\overline{AB}$ Lote auf $\overline{AB}$. Daher besitzen die Dreiecke FMA und $F_k M_k A$ Innenwinkel von 90° und 30° (halber Winkel $\sphericalangle BAC$) und somit auch einen Innenwinkel von 60°.

Dreiecke mit den Innenwinkeln 90°, 60° und 30° erhalten wir beispielsweise dadurch, dass wir in einem gleichseitigen Dreieck mit der Seitenlänge a durch Einzeichnen einer Höhe dieses in zwei kongruente Dreiecke mit den Seitenlängen a, $\frac{a}{2}$ und h zerlegen. Dies ist möglich, da die Höhe im gleichseitigen Dreieck gleichzeitig Mittelsenkrechte und Winkelhalbierende ist. Daraus folgt: $|M_k A| = 2\,|M_k F_k| = 2r$ und $|MA| = 2\,|MF| = 2R$.

Andererseits lässt sich die Strecke $\overline{MA}$ folgendermaßen zerlegen:

$$|MA| = R + r + |M_k A|$$

Es gilt also $2R = R + r + 2r$, und daraus folgt: $R \div r = 3 : 1$.

Abb. 42.5 Halbkreis und
Kreis im Dreieck

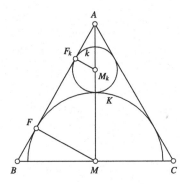

42.6   L-19.6 Schwarze Punkte, rote und grüne Strecken (090623)

Von jedem Punkt in M gehen acht Strecken aus.

- Fall 1: Es gibt einen Punkt P in M von dem (mindestens) vier grüne Strecken ausgehen. Ihre von P verschiedenen Endpunkte sollen A, B, C, D heißen. Dann sind die sechs Verbindungsstrecken von A, B, C und D rot (Dreiecksbedingung).

- Fall 2: Von keinem Punkt in M gehen vier oder mehr grüne Strecken aus. Dann gehen von jedem Punkt fünf oder mehr rote Strecken aus.
  Annahme: Von jedem Punkt gehen genau fünf rote Strecken aus. Dann erhalten wir $9 \cdot 5 \div 2$ rote Strecken, was zu einem Widerspruch führt. Also gibt es einen Punkt P, von dem aus (mindestens) sechs rote Strecken ausgehen. Ihre von P verschiedenen Endpunkte sollen A, B_1, B_2, B_3, B_4, B_5 heißen. Wir betrachten die fünf von A zu A, B_1, B_2, B_3, B_4, B_5 gehenden Strecken. (Mindestens) drei davon müssen die gleiche Farbe haben. Durch Umnummerieren seien dies B_1, B_2, B_3.

  - Fall 2.1: Die drei Strecken $\overline{AB_i}$ ($i = 1, 2, 3$) sind grün. Dann sind die drei Strecken $\overline{B_i B_k}$ ($i, k = 1, 2, 3; i < k$) rot und P, B_1, B_2, B_3 die gesuchten Punkte.
  - Fall 2.2: Die drei Strecken $\overline{AB_i}$ ($i = 1, 2, 3$) sind rot. $B_1 B_2 B_3$ darf kein grünes Dreieck sein, also ist eine der drei Dreiecksseiten rot, etwa $\overline{B_1 B_2}$. Dann sind P, A, B_1, B_2 die gesuchten Punkte.

42.7 L-19.7 Dreieck und Quadrat (110623)

Wir verwenden alle Bezeichnungen aus Abb. 42.6. Wir betrachten das Dreieck ONL. Es gilt $|\sphericalangle OLN| = 90° + \alpha$. Da $\overline{LN}$ die Mittellinie im Dreieck ABC ist, gilt $\overline{LN} \parallel \overline{AC}$. Wir wenden den Kosinussatz auf $\overline{ON}$ an:

$$
\begin{aligned}
|ON|^2 &= |OL|^2 + |LN|^2 - 2 \cdot |OL| \cdot |LN| \cdot \cos(90° + \alpha) \\
&= |OL|^2 + |LN|^2 - 2 \cdot |OL| \cdot |LN| \cdot (-\sin \alpha) \\
&= \frac{c^2}{4} + \frac{b^2}{4} + 2 \cdot \frac{c}{2} \cdot \frac{b}{2} \cdot \sin \alpha \\
\Rightarrow |ON|^2 &= \frac{c^2}{4} + \frac{b^2}{4} + \frac{bc}{2} \cdot \sin \alpha \quad (*)
\end{aligned}
$$

Kosinussatz und Sinussatz auf das Dreieck ABC angewandt, liefert

$$
c^2 = a^2 + b^2 - 2ab \cdot \cos \gamma \text{ bzw. } c \cdot \sin \alpha = a \cdot \sin \gamma.
$$

Diese Beziehungen setzen wir in $(*)$ ein und erhalten:

$$
\begin{aligned}
|ON|^2 &= \frac{b^2}{4} + \frac{a^2 + b^2 - 2ab \cdot \cos \gamma}{4} + \frac{ab \cdot \sin \gamma}{2} \\
&= \frac{a^2}{4} + \frac{b^2}{2} - \frac{ab}{2} \cdot \cos \gamma + \frac{ab}{2} \cdot \sin \gamma \\
&= \frac{a^2}{4} + \frac{b^2}{2} - \frac{ab}{2} \cdot (\cos \gamma - \sin \gamma)
\end{aligned}
$$

Nun gilt weiter:

Abb. 42.6 Dreieck und
Quadrat

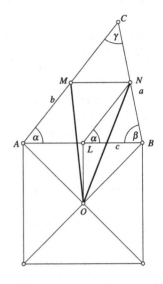

$$\cos(\gamma + 45°) = \frac{1}{2}\sqrt{2}\cos\gamma - \frac{1}{2}\sqrt{2}\sin\gamma$$

$$\Rightarrow \cos\gamma - \sin\gamma = \frac{\cos(\gamma + 45°)}{\frac{\sqrt{2}}{2}}$$

$$\Rightarrow |ON|^2 = \frac{a^2}{4} + \frac{b^2}{2} - \frac{ab}{\sqrt{2}} \cdot \cos(\gamma + 45°)$$

Nun wird $\cos(\gamma + 45°)$ minimal für $\gamma + 45° = 180°$ oder $\gamma = 135°$. Der Maximalwert
von $|ON|$ berechnet sich dann zu

$$|ON| = \sqrt{\frac{a^2}{4} + \frac{b^2}{2} + \frac{ab}{\sqrt{2}}} = \sqrt{\left(\frac{a}{2} + \frac{b}{\sqrt{2}}\right)^2} = \frac{a}{2} + \frac{b}{\sqrt{2}}$$

Analog erhalten wir den Maximalwert von $|OM|$:

$$|OM| = \frac{b}{2} + \frac{a}{\sqrt{2}}$$

Wir addieren nun beide Werte, um den größten Wert für die Summe der Strecken zu
erhalten:

$$|OM| + |ON| = \left(\frac{b}{2} + \frac{a}{\sqrt{2}}\right) + \left(\frac{a}{2} + \frac{b}{\sqrt{2}}\right) = a\left(\frac{1}{\sqrt{2}} + \frac{1}{2}\right) + b\left(\frac{1}{\sqrt{2}} + \frac{1}{2}\right)$$

$$= \frac{1}{2}(1 + \sqrt{2})(a + b)$$

Kapitel 43
Flächenbetrachtungen

43.1   L-20.1 Achtzackiger Stern (090122)

Wir entnehmen alle Bezeichnungen aus Abb. 43.1.

Es sei P eine einspringende Ecke des Sterns. Das Quadrat $ABCD$ mit der Seitenlänge a ist bzgl. der Geraden GE achsensymmetrisch. Damit gilt $\sphericalangle AED = \sphericalangle BEC$. Aus $\sphericalangle ABH = \sphericalangle EBP$ und $\sphericalangle AHB = \sphericalangle AED = \sphericalangle BEP$ folgt die Ähnlichkeit der Dreiecke ABH und EBP. Also gilt: $\overline{BH} \div \overline{AH} = \overline{EB} \div \overline{EP}$ (1).

Ferner gilt: $\overline{BH}^2 = a^2 + \left(\frac{a}{2}\right)^2 = \frac{5}{4}a^2 \Rightarrow \overline{BH} = \frac{a}{2}\sqrt{5}$. Durch Einsetzen in (1) erhalten wir $\frac{a}{2}\sqrt{5} \div \frac{a}{2} = \frac{a}{2} \div \overline{EP} \Rightarrow \overline{EP} = \frac{a}{10}\sqrt{5}$. Aus $\overline{EP} \div \overline{BP} = \overline{EB} \div \overline{BC} = 1 \div 2$ folgt $\overline{BP} = 2 \cdot \overline{EP} = \frac{a}{5}\sqrt{5}$.

Abb. 43.1 Achtzackiger Stern

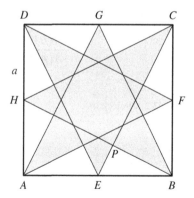

© Springer-Verlag GmbH Deutschland, ein Teil von Springer Nature 2020
P. Jainta und L. Andrews, *Mathe ist noch viel mehr*,
https://doi.org/10.1007/978-3-662-60682-7_43

Für den Flächeninhalt A_S des achteckigen Sterns erhalten wir somit:

$$A_S = A_{ABCD} - 8 \cdot A_{EBP} = a^2 - 8 \cdot \frac{1}{2} \cdot \frac{a}{10} \sqrt{5} \cdot \frac{a}{5} \sqrt{5} = \frac{3}{5} a^2$$

Mit $a = 10\,\mathrm{cm}$ erhalten wir für den Flächeninhalt $A_S = 60\,\mathrm{cm}^2$

43.2   L-20.2 Dreieck im Dreieck (090313)

Wir entnehmen alle Bezeichnungen aus Abb. 43.2.

Wir bezeichnen allgemein mit $A(RST)$ den Flächeninhalt des Dreiecks RST. Wir betrachten die Dreiecke AXZ und ABC mit den Höhen $\overline{ZV}$ und $\overline{CW}$ und den entsprechenden Grundlinien $\overline{AX}$ und $\overline{AB}$. Es gilt:

$$\frac{|AB|}{|AX|} = \frac{|AX| + |XB|}{|AX|} = 1 + \frac{|XB|}{|AX|} = 1 + \frac{1}{k} = \frac{k+1}{k} \Rightarrow \frac{|AX|}{|AB|} = \frac{k}{k+1}$$

Weiter erhalten wir nach einem der beiden Strahlensätze:

$$\frac{|CW|}{|ZV|} = \frac{|CA|}{|ZA|} = \frac{|CZ| + |ZA|}{|ZA|} = 1 + \frac{|CZ|}{|ZA|} = 1 + k \Rightarrow \frac{|ZV|}{|CW|} = \frac{1}{1+k}$$

Für das Verhältnis der Flächeninhalte der Dreiecke AXZ und ABC erhalten wir so:

$$\frac{A(AXZ)}{A(ABC)} = \frac{0{,}5 \cdot |AX| \cdot |ZV|}{0{,}5 \cdot |AB| \cdot |CW|} = \frac{k}{k+1} \cdot \frac{1}{k+1} = \frac{k}{(k+1)^2}$$

Analog erhalten wir:

$$\frac{A(BYX)}{A(ABC)} = \frac{A(CZY)}{A(ABC)} = \frac{k}{(k+1)^2}$$

Abb. 43.2 Dreieck im Dreieck

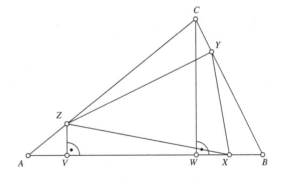

Somit erhalten wir:

$$A(XYZ) = A(ABC) - A(AXZ) - A(BYX) - A(CZY)$$

$$= A(ABC) - A(ABC) \cdot \frac{k}{(k+1)^2} \cdot 3$$

$$= A(ABC) \left[1 - \frac{3k}{(k+1)^2} \right] = A(ABC) \cdot \frac{k^2 + 2k + 1 - 3k}{(k+1)^2}$$

$$= A(ABC) \cdot \frac{k^2 - k + 1}{(k+1)^2}$$

$$\Rightarrow \frac{A(XYZ)}{A(ABC)} = \frac{k^2 - k + 1}{(k+1)^2}$$

43.3 L-20.3 Achteck im Quadrat (090413)

Wir beziehen uns auf Abb. 43.3.

Wir zerlegen das Quadrat in $6 \cdot 6 = 36$ Teilquadrate, sodass das der Flächeninhalt des großen Quadrats 36 Flächeneinheiten (FE) beträgt. Das zu betrachtende Achteck (grau hinterlegt) ist regelmäßig, d. h., alle Innenwinkel und alle Seiten sind jeweils gleich groß, und es ist achsensymmetrisch. Der Flächeninhalt des dunkelgrau hinterlegten Vierecks beträgt aus Symmetriegründen ein Viertel des Flächeninhalts des Achtecks. Dieses Viereck besteht aus einem der kleinen Quadrate, die durch Konstruktion entstanden sind, sowie aus zwei kleinen rechtwinkligen Dreiecken, die zusammen halb so groß sind wie ein kleines Quadrat. Somit beträgt der Flächeninhalt des Vierecks $1,5$ FE. Damit hat das Achteck einen Flächeninhalt von $4 \cdot 1,5 = 6$ FE. Also beträgt der Flächenanteil, den das Achteck überdeckt, $\frac{6}{36} = \frac{1}{6}$.

Abb. 43.3 Achteck im Quadrat

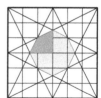

43.4 L-20.4 Achtecksfläche (090521)

Die Strecken von den Ecken zum Umkreismittelpunkt M teilen das Achteck in acht gleichschenklige Dreiecke, von denen je vier kongruent sind. Durch Umordnen dieser Dreiecke erreicht man eine zum Quadrat ergänzbare Figur (Abb. 43.4). Die Seiten-

Abb. 43.4 Achtecksfläche

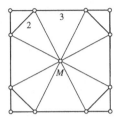

länge des Quadrats beträgt $3 + 2 \cdot \frac{2}{\sqrt{2}} = 3 + 2\sqrt{2}$. Der Flächeninhalt des Quadrats beträgt somit $\left(3 + 2\sqrt{2}\right)^2 = 17 + 12\sqrt{2}$. Die vier (kleinen) Dreiecke besitzen einen Inhalt von $4 \cdot \frac{1}{2} \cdot \frac{2}{\sqrt{2}} \cdot \frac{2}{\sqrt{2}} = 4$.

Der Flächeninhalt des Achtecks ergibt sich daher zu $13 + 12\sqrt{2} \approx 29{,}9706$.

43.5   L-20.5 Vierecksflächen (090622)

Die Strecke $\overline{A_1 A_3}$ teilt das kleine Viereck in zwei Teildreiecke. Das Dreieck $A_1 A_2 A_3$ ist kongruent zu Dreieck $B_1 B_2 P$ nach Kongruenzsatz SWS.

Der übereinstimmende Winkel ergibt sich aus der Parallelität sich entsprechender Seiten. Analog ist das Dreieck $A_1 A_3 A_4$ kongruent zu Dreieck $B_3 B_4 P$. Die andere Diagonale $\overline{A_2 A_4}$ teilt das kleine Viereck in zwei Teildreiecke, die zu den restlichen Teildreiecken des großen Vierecks kongruent sind. Somit sind je zwei gegenüberliegende Teildreiecke des großen Vierecks inhaltsgleich mit dem kleinen Viereck. Daraus folgt die Behauptung.

Kapitel 44
Geometrische Algebra II

44.1 L-21.1 Unmögliches Dreieck (090211)

Wir verwenden die Dreiecksungleichung. In jedem Dreieck verhalten sich die Höhen umgekehrt wie die entsprechenden Seiten:

$$h_a \div h_b \div h_c = \frac{1}{a} \div \frac{1}{b} \div \frac{1}{c}$$

Wir erhalten also:

$$4 \div 7 \div 10 = \frac{1}{a} \div \frac{1}{b} \div \frac{1}{c} \Rightarrow 4a = 7b = 10c$$

oder gleichwertig damit:

$$a = \frac{5}{2}c; \ b = \frac{10}{7}c$$

Daraus folgt:

$$b + c = \left(\frac{10}{7} + 1\right) \cdot c = \frac{17}{7}c = \frac{34}{14}c < \frac{35}{14}c = \frac{5}{2}c = a$$

Da aber in jedem Dreieck die Summe zweier beliebiger Seiten immer größer als die dritte sein muss, ergibt sich daraus ein Widerspruch zur Dreiecksungleichung.

44.2 L-21.2 Ein rechteckiger Platz (090421)

Es seien x und y die Seitenlängen ($x, y \in \mathbb{N}$) des Platzes. Aus der Bedingung des Textes folgt:

$$\frac{1}{2}xy = 2x + 2y - 4 \quad (*) \text{ (da vier Eckplatten doppelt gezählt werden)}$$

Aus der Gleichung (*) folgt:

$$xy - 4x - 4y = -8 \Leftrightarrow (x - 4) \cdot (y - 4) - 16 = -8 \Leftrightarrow (x - 4) \cdot (y - 4) = 8$$

Aus dieser Gleichung sind die möglichen Lösungen sofort abzulesen:

$$8 \cdot 1 = 8 \Rightarrow x = 12; y = 5$$
$$4 \cdot 2 = 8 \Rightarrow x = 8; y = 6$$
$$2 \cdot 4 = 8 \Rightarrow x = 6; y = 8$$
$$1 \cdot 8 = 8 \Rightarrow x = 5; y = 12$$

Alternativ erhalten wir aus

$$y(x - 4) = 4x - 8 \Leftrightarrow y(x - 4) = 4(x - 4) + 8 \Rightarrow y = 4 + \frac{8}{x - 4}$$

die Lösungen wie oben.

44.3   L-21.3 Mathebillard (110512)

Die Kugel werde z. B an der rechten Bande reflektiert. Wir denken uns den Billard-tisch an seiner rechten Bande gespiegelt. Dann kann man sich vorstellen, dass sich die Kugel geradlinig weiter bewegt.

Wir führen ein Koordinatensystem ein (Abb. 44.1). Die Kugel fällt in ein Loch, wenn sie erstmals einen Punkt mit ganzzahligen Koordinaten erreicht. An den fol-genden Punkten trifft die Kugel jeweils die rechte (gespiegelte) Bande: $\left(1; \frac{19}{96}\right)$, $\left(2; 2 \cdot \frac{19}{96}\right)$, $\left(3; 3 \cdot \frac{19}{96}\right)$, ...

Da 19 und 96 teilerfremd sind, liegt das erste Loch an der Stelle (96; 19). Auf ihrem Weg durch das Gitternetz hat die Kugel 95 senkrechte Linien und 18 waagerechte Linien überquert, d. h., sie wurde 113-mal reflektiert.

Abb. 44.1 Mathebillard

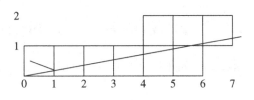

44.4 L-21.4 Spezielle Dreiecksbeziehungen (110522)

Es seien o. B. d. A. c die Länge der kürzesten Seite und h_c die Länge der zugehörigen Höhe. Das Dreieck habe den Flächeninhalt A. Da sich in einem beliebigen Dreieck die Längen der Höhen umgekehrt wie die entsprechenden Seitenlängen verhalten, ergibt sich daraus die Beziehung $h_c = h_a + h_b$. Wir folgern:

$$A = \frac{1}{2}ch_c = \frac{1}{2}ah_a + \frac{1}{2}bh_b$$
$$\Rightarrow \frac{2A}{c} = \frac{2A}{a} + \frac{2A}{b}$$
$$\Leftrightarrow \frac{1}{c} = \frac{1}{a} + \frac{1}{b} \Leftrightarrow \frac{1}{c} = \frac{a+b}{ab}$$

Mittels geeigneter algebraischer Umformungen erhalten wir daraus der Reihe nach:

$$ab - ac - bc = 0$$
$$2ab - 2ac - 2bc = 0 \mid + (a^2 + b^2 + c^2)$$
$$a^2 + b^2 + c^2 + 2ab - 2ac - 2bc = a^2 + b^2 + c^2$$
$$(a + b - c)^2 = a^2 + b^2 + c^2$$

Der Term $a^2 + b^2 + c^2$ ist damit das Quadrat der positiven ganzen Zahl $a + b - c$.

44.5 L-21.5 Quadrate in der Ebene (090612)

Wir führen ein kartesisches Koordinatensystem ein, dessen Achsen parallel zu den Seiten der Quadrate aus M verlaufen.

Die Mittelpunkte der n Quadrate sollen die Koordinaten $(x_1|y_1)$, $(x_2|y_2)$, ..., $(x_n|y_n)$ besitzen. Sei nun $x_m = \min\{x_i \mid i = 1, 2, \ldots, n\}$ und $x_M = \max\{x_i \mid i = 1, 2, \ldots, n\}$.

Wir bilden das arithmetische Mittel $x = \frac{x_m + x_M}{2}$. Seien y_m, y_M und y analog definiert.

Wir behaupten: Das Quadrat Q mit Mittelpunkt $(x|y)$, dessen Seiten zu den Quadraten aus M parallel sind, hat mit jedem der n Quadrate aus M mindestens einen Punkt gemeinsam.

Beweis: Wir wählen $i \in \{1, 2, \ldots, n\}$ beliebig. Wir betrachten zunächst nur die x-Koordinaten. Sicherlich gilt $x_m \leq x_i \leq x_M$. Wegen Bedingung (3) gilt ferner $x_M - x_m \leq 2$. Die Werte x_i liegen also in einem Intervall der maximalen Breite 2 und sind daher von der Intervallmitte x höchstens eine Längeneinheit entfernt.

Analog folgt $|y_i - y| \leq 1$, also hat das Quadrat Q mit dem Quadrat Nummer i aus der Menge M sicher einen Punkt gemeinsam.

44.6   L-21.6 Im Schwimmbad (110611)

Das Mädchen kann der Lehrerin entwischen. Gemäß Abb. 44.2 gilt nämlich: Die Lehrerin stehe an der Ecke C. Folgender Fluchtweg ist für die Schülerin günstig: Sie schwimmt in M (diagonal) in Richtung A los. Im selben Moment läuft die Lehrerin in Richtung Ecke D (oder B). Wenn sie Ecke D erreicht hat, soll sich die Schülerin in E befinden. Danach schwimmt sie rechtwinklig auf den Beckenrand $\overline{AB}$ zu.

Begründung für diese Wegwahl: Wir bezeichnen die Geschwindigkeiten mit v_L (Lehrerin) bzw. v_S (Schülerin). Es sei $|CD| = 1 \Rightarrow |ME| = \frac{1}{3}$, da $v_L = 3v_S$. Wegen $|CA| = \sqrt{2}$ (Diagonalenlänge) folgt $|EA| = \frac{1}{2}\sqrt{2} - \frac{1}{3} = \frac{1}{\sqrt{2}} - \frac{1}{3} > 0$. Bestimmung von $|EF|$ mit Strahlensatz (denn es gilt $\overline{EF} \perp \overline{AB}$):

$$\frac{|EF|}{|MG|} = \frac{|EA|}{|MA|} = \frac{\frac{1}{\sqrt{2}} - \frac{1}{3}}{\frac{1}{\sqrt{2}}} \Rightarrow |EF| = \frac{1}{2} \cdot \left(1 - \frac{\sqrt{2}}{3}\right) = \frac{1}{2} - \frac{1}{3\sqrt{2}}$$

Die Lehrerin kann nur nach A rennen. Aber sie erreicht Ecke A nicht bevor die Schülerin am Beckenrand in F bereits angekommen ist, denn nach Zeitvergleich gilt (mit $v_L = 3 \cdot v_S$ und t_L, t_S für die Zeiten der Lehrerin bzw. Schülerin):

$$t_L - t_S = \frac{1}{3v_S} - \frac{\left(\frac{1}{2} - \frac{1}{3\sqrt{2}}\right)}{v_S} = \frac{1}{v_S}\left(\frac{1}{3} - \frac{1}{2} + \frac{1}{3\sqrt{2}}\right) = \frac{1}{v_S} \cdot \frac{\sqrt{2}-1}{6} > 0$$

Also braucht die Lehrerin länger als die Schülerin.

Abb. 44.2 Im Schwimmbad

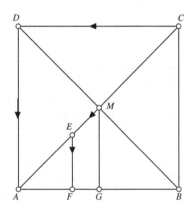

44.7 L-21.7 Spiralförmige Nummerierung (110613)

In Abb. 44.3 ist angedeutet, wie eine „spiralförmige" Nummerierung aussieht.

c) Am besten löst man zuerst diesen Teil der Aufgabe.
Verbinde die Punkte P_1, P_2, P_3, ... zu einem spiralförmigen Streckenzug. Die
Teilstrecken haben die Längen 1, 1, 2, 2, 3, 3, 4, 4, 5, 5 ... Also besitzen die jeweils rechts oben liegenden Eckpunkte $P(1|1)$, $P(2|2)$, $P(3|3)$, ... die Nummern $1 + 2 \cdot 1 = 3$, $1 + 2 \cdot (1 + 2 + 3) = 13$, $1 + 2 \cdot (1 + 2 + 3 + 4 + 5) = 31$
usw. Allgemein gilt: Punkt $P_n(k|k)$, $(k \geq 1)$ besitzt die Nummer

$$n = 1 + 2 \cdot (1 + 2 + 3 + \ldots + 2k - 1) = 1 + 2 \cdot \frac{(2k - 1)2k}{2} = 4k^2 - 2k + 1 \text{ (Gauß)}.$$

a) Für $k = 22$ ist $n = 1893 < 1997$. Für $k = 23$ ist $n = 2071 > 1997$. Geht man
vom Spiraleneckpunkt $P_{1893}(22|22)$ um 44 Einheiten nach links, so kommt man
zum nächsten Eckpunkt $P_{1937}(-22|22)$; geht man weitere 44 Einheiten nach
unten, gelangt man zum nächsten Eckpunkt $P_{1981}(-22| - 22)$. Nach weiteren
16 Schritten nach rechts gelangt man schließlich zum Punkt $P_{1997}(-6| - 22)$.
b) Der Punkt $P_n(1998|1998)$ hat die Nummer $n = 4 \cdot 1998^2 - 2 \cdot 1998 + 1 =$
15 964 021. Also besitzt der nachfolgende Punkt $P_x(1997|1998)$ die Nummer
$x = 15\,964\,022$.

Abb. 44.3 Spirale im Gitter

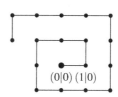

$(0|0)\ (1|0)$

44.8 L-21.8 Quadrate im Gitter (09621)

Zu jedem der Quadrate, die die Bedingung erfüllen, findet man ein umbeschriebenes
Quadrat mit Seiten parallel zu den Achsen des Koordinatensystems, das auch die Bedingung erfüllt. Sei $ABCD$ ein solches Quadrat, A seine linke untere Ecke, B seine
rechte untere Ecke, a die Länge der Strecke $\overline{AB}$. Wir denken uns zunächst $ABCD$
fest. Alle möglichen einbeschriebenen Quadrate, die die Bedingung erfüllen, lassen
sich z. B. durch den Abstand s charakterisieren, den die Ecke des einbeschriebenen
Quadrats, welche auf $\overline{AB}$ liegt, von A hat. Der Abstand s kann die Werte 1 bis a
annehmen. Für $s = 0$ erhält man das gleiche, mit $ABCD$ übereinstimmende Quadrat
wie für $s = a$. Dies sind a Möglichkeiten. Für feste Länge a kann nun zusätzlich
die Ecke A Koordinaten zwischen 0 und $n - a - 1$ annehmen. Das sind für x und
y jeweils $n - a$ Möglichkeiten, insgesamt also $(n - a)^2$ Positionen für A. Für feste

Länge a ergeben sich somit $a \cdot (n-a)^2$ mögliche Quadrate. Die Länge a selbst kann die Werte 1 bis $n-1$ annehmen.

Beispiel: Für $n = 5$: $1 \cdot 4 \cdot 4 + 2 \cdot 3 \cdot 3 + 3 \cdot 2 \cdot 2 + 4 \cdot 1 \cdot 1 = 16 + 18 + 12 + 4 = 40$. Summation von rechts nach links ergibt:

$$\sum_{i=0}^{n-1}(n-i)i^2 = n\sum_{i=0}^{n-1}i^2 - \sum_{i=0}^{n-1}i^3 = n\frac{(n-1)n(2(n-1)+1)}{6} - \frac{(n-1)^2n^2}{4} = \frac{n^2(n^2-1)}{12}$$

n	1	2	3	4	5	6	7	8	9	10	1 998
$A(n)$	0	1	6	20	50	105	196	336	540	825	x

Und somit erhalten wir für den Wert x:

$$\begin{aligned} x = A(1\,998) &= (1\,998 \cdot 1\,998) \cdot (1\,998 \cdot 1\,998 - 1) \div 12 \\ &= (3\,992\,004 \div 12) \cdot 3\,992\,003 = 332\,667 \cdot 3\,992\,003 \\ &= 1\,328\,007\,662\,001 \end{aligned}$$

Kapitel 45
Probleme aus dem Alltag

45.1 L-22.1 Schatzsuche (090213)

Wir entnehmen alle Bezeichnungen aus Abb. 45.1.

Es bedeute: W = Weißer Fels, S = Schwarzer Fels, Q, R = Standorte der beiden Pflöcke, P = Palme und T = Schatzfundort.

Wir wissen: $|PW| = |WQ|$, $|PS| = |SR|$, $|TR| = |TQ|$ und $|\sphericalangle PWQ| = |\sphericalangle PSR| = 90°$.

Wir verbinden W mit S. Danach ziehen wir die vier Lote $\overline{PE}, \overline{QF}, \overline{TH}$ und $\overline{RG}$. Nun betrachten wir die Dreiecke PWE und WQF. Es gilt:

$$|\sphericalangle PEW| = |\sphericalangle WFQ| = 90°$$
$$|\sphericalangle PWE| = |\sphericalangle PWQ| - |\sphericalangle EWQ|$$
$$= 90° - |\sphericalangle FWQ|$$
$$= |\sphericalangle WQF|$$

Da auch $|PW| = |WQ|$ gilt, sind die Dreiecke PWE und WQF kongruent.

Auf ähnliche Weise zeigen wir, dass auch die Dreiecke PSE und SRG kongruent sind. Daraus ergibt sich: $|QF| = |WE|$, $|RG| = |ES|$ und $|WF| = |PE| = |SG|$. Um den Schatz T zu finden bemerken wir: $TH = \frac{1}{2}(|QF| + |RG|) = \frac{1}{2}(|WE| + |ES|) = \frac{1}{2}|WS|$. Weiter gilt, da $|QT| = |RT|$ und $\overline{QF} \parallel \overline{TH} \parallel \overline{RG}, |FH| = |GH|$. Somit gilt: $|WH| = |WF| + |FH| = |SG| + |GH| = |SH|$.

Wir finden also die Lage des Schatzes folgendermaßen:

Gehe von W aus in Richtung S bis zur Mitte der Strecke. Drehe dich um 90° nach links und gehe noch einmal so weit. Nimm den Spaten und grabe!

© Springer-Verlag GmbH Deutschland, ein Teil von Springer Nature 2020
P. Jainta und L. Andrews, *Mathe ist noch viel mehr*,
https://doi.org/10.1007/978-3-662-60682-7_45

Abb. 45.1 Schatzsuche

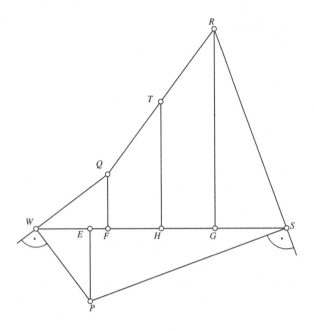

45.2   L-22.2 Kirchenkunst (090222)

Es sind 100 Bläschen vorhanden. Dann beträgt die Summe S der Winkelsummen aller auffindbaren Dreiecke $S = 100 \cdot 360° + 4 \cdot 90° = 36360°$. Für die Anzahl N der Dreiecke erhalten wir somit: $N = 36360 \div 180° = 202$.

45.3   L-22.3 Militärkapelle (090312)

Ursprünglich bildete die Kapelle eine quadratische Formation. Die Musikeranzahl betrage n^2, $n \in \mathbb{N}$. Aufgrund der rechteckigen Aufstellung muss $n + 5$ ein Teiler von n^2 sein.

Aus $n^2 = (n-5)(n+5) + 25$ folgt, dass $(n+5) \mid 25$ gilt. Der einzige Teiler von 25 größer als 5 ist 25 selbst. Damit erhalten wir $n + 5 = 25$, also $n = 20$. Somit waren es $20^2 = 400$ Musiker.

Probe: $400 = 20 \cdot 20 = (20 + 5) \cdot 16 = 25 \cdot 16 = 400$.

45.4   L-22.4 Paul und Paula (090323)

Behauptung: Es ist nicht möglich, die Jahreszahl 1995 zu erhalten.

Die Summe der jeweiligen Seitenzahlen eines Blattes lässt bei der Division durch 4 stets den Rest 3. Zur Begründung betrachten wir das Blatt mit der Nr. k. Die zugehörige Seitennummerierungen sind $2l - 1$ und $2l$ mit $l \in \{1, 2, 3, \ldots, 96\}$. Die Summe der beiden Blattnummern ist dann $2l - 1 + 2l = 4l - 1$. Dies liefert: Die Zahl $4l - 1$ lässt bei der Division durch 4 den Rest 3, denn $4l - 1 + 4 = 4l + 3$. Addieren wir nun 24 beliebige dieser Summen, dann muss die Gesamtsumme wegen $4 \mid 24$ ebenfalls durch 4 teilbar sein.

Da 4 aber kein Teiler von 1995 ist, folgt die Behauptung.

45.5 L-22.5 Pizzawerbung (110523)

Wir bezeichnen mit x die Anzahl der Tage zwischen zwei Anzeigen. Wir betrachten also einen Zyklus der Art

$$A \underbrace{V V V \ldots V}_{x} A$$

wobei A ein Anzeigentag und V ein reiner Verkaufstag ist. Die Summe $G(x)$ der Tagesgewinne in einem Zyklus beträgt nun

$$G(x) = 300 + 295 + 290 + \ldots + [300 - 5 \cdot (x - 1)] - 40 [\text{DM}].$$

Wird nur einmal beworben (und dann nicht mehr), erreicht der Tagesgewinn nach 21 Tagen den Betrag 200 DM (denn $300 - 5 \cdot (21 - 1) = 200$). Die Zykluslänge muss daher kleiner als 21 sein.

Die Aufgabe besteht nun darin, eine optimale Zykluslänge x zu finden. Es sei daher $M(x)$ der maximale Gewinn innerhalb der ersten 21 Tage, da der Tagesgewinn nicht unterhalb von 200 DM fallen soll. Es gilt:

$$M(x) = \{300 + 295 + 290 + \ldots + [300 - 5(x - 1)] - 40\} \cdot \frac{21}{x}$$

Für $x = 21$ gilt $M(x) = G(x)$. In der geschweiften Klammer steht eine, um 40 verminderte, endliche arithmetische Summe. Wir können den Term $M(x)$ mit der Reihensummenformel $s_n = \frac{n}{2}(a_1 + a_n)$ vereinfachen:

$$\begin{aligned}
M(x) &= \left\{ \frac{x}{2}[300 + 300 - 5(x - 1)] - 40 \right\} \frac{21}{x} \\
&= -\frac{105}{2}x + 6352{,}5 - \frac{840}{x}
\end{aligned}$$

$M(x)$ soll nun maximal werden: $\Rightarrow M' = -\frac{105}{2} + \frac{840}{x^2} = 0$ und $M(x)'' = -\frac{1680}{2} < 0$.

Dies ergibt $x = \sqrt{\frac{1680}{105}} = 4$ und $M''(4) < 0$.

Der maximale Gewinn wird also erreicht, wenn jeden vierten Tag eine Anzeige geschaltet wird.

Kapitel 46
... wieder was ganz anderes

46.1 L-23.1 Abwägen (090113)

Wir bilden 34 Paare von Münzen und führen 34 Wägungen durch. Dabei stellen wir jeweils die schwerere bzw. die leichtere der beiden Münzen fest. Alle schwereren bzw. leichteren Geldstücke werden dann zu zwei neuen Mengen zusammengefasst. Die schwerste Münze befindet sich dann in der ersten Gruppe. Nun unterteilen wir diese Gruppe in 17 Paare und führen weitere 17 Wägungen durch. Wir verfahren jetzt wie im ersten Durchgang. Die schwerste Münze ist nun im Haufen mit den schwereren Münzen in dieser Wägungsreihe.

Es verbleiben also 17 schwerere Münzen. Da 17 ungerade ist, muss jeweils eine Münze zur nächsten Wägung (die verbleibende aus der vorhergehenden) hinzugenommen werden. Bei fortgesetztem Wiegen sind für 34 Münzen $17 + 8 + 4 + 2 + 1 + 1 = 33$ Wägungen erforderlich, bis die schwerste schließlich übrig bleibt.

Ähnliches gilt für das Auffinden der leichtesten unter den 34 leichten Münzen.
Zusammen sind also $34 + 33 + 33 = 100$ Wägungen notwendig.

46.2 L-23.2 Wechselkurse (090322)

Wir führen folgende Bezeichnungen ein: DAL = Anzahl *Daller*, DIL = Anzahl *Diller*. Die Differenz der jeweiligen Landeswährungen sei $S := DIL - DAL$.

Der Ausgangszustand ist $S = 1 (DIL)$. Wie ändert sich nun jeweils der Wert von S?

Angenommen, der Geschäftsmann hat eine bestimmte Anzahl DIL und DAL einstecken. Wir unterscheiden die beiden Fälle:

© Springer-Verlag GmbH Deutschland, ein Teil von Springer Nature 2020
P. Jainta und L. Andrews, *Mathe ist noch viel mehr,*
https://doi.org/10.1007/978-3-662-60682-7_46

- Fall 1: Umtausch in *Dillia:*
  Für jeden eingetauschten *Diller* bekommt er 10 *Daller.* Daraus folgt:

$$S = (DIL - 1) - (DAL + 10) = \underbrace{DIL - DAL}_{1} - 11$$

- Fall 2: Umtausch in *Dallia:*
  Für jeden getauschten *Daller* erhält er 10 *Diller.* Daraus folgt:

$$S = (DIL + 10) - (DAL - 1) = \underbrace{DIL - DAL}_{1} + 11$$

In beiden Ländern ändert sich also der Wert von S pro umgetauschter Geldeinheit um ± 11, d. h. $S \cong 1 \, mod \, 11$. Die Differenz $DIL - DAL$ kann somit niemals null sein.

46.3   L-23.3 Zahlen und Ziffern (090412)

Da der ursprüngliche Satz jede Ziffer genau einmal enthält, beginnen wir etwa folgendermaßen:

- Dieser Satz enthält die Ziffer 1 einmal, die Ziffer 2 einmal, die Ziffer 3 einmal und die Ziffer 4 einmal. Dies ist aber offensichtlich falsch.
  Aus den gegebenen Daten können wir aber einen zweiten Satz konstruieren:
- Dieser Satz enthält die Ziffer 1 fünfmal, die Ziffer 2 einmal, die Ziffer 3 einmal und die Ziffer 4 einmal.
  Auch dies stimmt (noch) nicht.
  Wir werden nun so lange jeweils aus dem vorhergehenden Satz einen neuen zusammenbauen, bis dessen Aussage richtig ist:
- Dieser Satz enthält Ziffer 1 viermal, Ziffer 2 einmal, Ziffer 3 einmal, Ziffer 4 einmal. Dies ist falsch.
- Dieser Satz enthält Ziffer 1 viermal, Ziffer 2 einmal, Ziffer 3 einmal, Ziffer 4 zweimal. Dies ist falsch.
- Dieser Satz enthält Ziffer 1 dreimal, Ziffer 2 zweimal, Ziffer 3 einmal, Ziffer 4 einmal. Dies ist falsch.
- Dieser Satz enthält Ziffer 1 zweimal, Ziffer 2 dreimal, Ziffer 3 zweimal, Ziffer 4 einmal. Diese Aussage ist erstmals wahr.

Wir erhalten die Lösung: $(x, y, z, w) = (2, 3, 2, 1)$.

46.4   L-23.4 Exlibris (090423)

Wir können das Problem auf die Figur, die in Abb. 46.1 (links) zu sehen ist, reduzieren (Pascal'sches Dreieck). Die verschiedenen Lesemöglichkeiten ergeben sich aus der

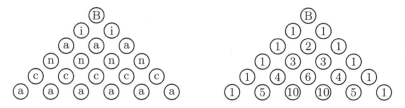

Abb. 46.1 Exlibris

analogen Anordnung (Abb. 46.1, rechts). Das sind zusammen $1+5+10+10+5+1 = 32$ verschiedene Möglichkeiten.

Für das Exlibris erhalten wir somit $6 \cdot 30 + 6 = 186$ unterschiedliche Lesarten.

46.5 L-23.5 Bunte Frösche (110511)

Wir nummerieren die Farben: Braun = 1, Grün = 2, Gelb = 3, Rot = 4.

n_i sei die Anzahl der Frösche mit Farbe i, also z. B. anfänglich $n_1 = 50$. Wir vergleichen die Differenz zweier Anzahlen $n_i - n_k$ vor und nach einem Treffen ($i \neq k$).

- Fall 1: Farbe i wird neu gebildet. n_i wird um 2 erhöht, n_k um 1 verringert. Die Differenz $n_i - n_k$ wächst um 3.
- Fall 2: Farbe k wird neu gebildet. n_k wird um 2 erhöht, n_i um 1 verringert. Die Differenz $n_i - n_k$ verringert sich um 3.
- Fall 3: Weder Farbe i noch k wird neu gebildet. n_i und n_k werden um 1 verringert. Die Differenz $n_i - n_k$ ändert sich nicht.

Bei jedem Treffen ändert sich also die Differenz $n_i - n_k$ um 0 oder 3. Gehören i und k zu ausgestorbenen Farben, so ist am Schluss $n_i - n_k = 0$. Die Anzahlen der drei ausgestorbenen Farben müssen sich also ursprünglich um Vielfache von 3 unterschieden haben. Bildet man die Differenzen der Zahlen 50, 57, 62 und 68, so sieht man leicht, dass nur die drei Zahlen 50, 62 und 68 durch 3 teilbare Differenzen (nämlich 6, 12 und 18) haben. Demnach bleiben die grünen Frösche übrig.

Wie viele davon haben überlebt? Es sei b die Anzahl der Treffen, bei denen zwei neue braune Frösche entstanden. Entsprechend werden die Zahlen g (für Grün), g' (für Gelb) und r für (Rot) definiert.

Da alle roten, gelben und braunen Frösche ausgestorben sind, muss gelten:

$$68 - (b + g + g') + 2r = 0 \quad (1)$$
$$62 - (b + g + r) + 2g' = 0 \quad (2)$$
$$50 - (r + g + g') + 2b = 0 \quad (3)$$

Es folgt: $b+g+g'+r = 68+3r = 62+3g' = 50+3b$ (4). Da je Treffen ein Frosch abhanden kommt, sind zum Schluss noch $50 + 57 + 62 + 68 - (b + g + g' + r) = 237 - (68 + 3r) = 169 - 3r$ Frösche vorhanden. Es können mithin höchstens 169 Frösche übrig bleiben. Wie kann man einsehen, dass der Wert 169 auch wirklich angenommen wird? Um die größte Zahl von Fröschen zu erschaffen, muss $r = 0$ sein. Aus (4) folgt: $g' = 2$; $b = 6$; $g = 60$. Auf folgende Weise lassen sich nun 169 grüne Frösche erzeugen:

$(50, 57, 62, 68) \rightarrow (48, 55, 66, 66)$ (2 Paare gelber Frösche neu erzeugt)

$(48, 55, 66, 66) \rightarrow (60, 49, 60, 60)$ (6 Paare brauner Frösche neu erzeugt)

$(60, 49, 60, 60) \rightarrow (0, 169, 0, 0)$ (60 Paare grüner Frösche neu erzeugt)

Aufgaben geordnet nach Lösungsstrategien

© Springer-Verlag GmbH Deutschland, ein Teil von Springer Nature 2020
P. Jainta und L. Andrews, *Mathe ist noch viel mehr*,
https://doi.org/10.1007/978-3-662-60682-7

Systematisches Abzählen 3.2, 3.3, 3.4, 3.6, 4.6, 7.3, 9.1, 23.4

Teilbarkeit, Teilbarkeitsregeln 2.6, 2.9, 2.10, 8.3, 8.4, 10.2, 10.5, 10.6, 10.7, 10.11, 13.1, 13.2, 17.3, 17.7, 17.11, 22.4

Vom Speziellen zum Allgemeinen 9.2

Winkelgesetze 11.3, 11.5, 11.6, 19.1, 19.2, 19.3, 19.4, 19.5, 19.7, 20.5, 21.1, 21.3, 22.1

Winkelsumme im n-Eck 11.7, 22.2

Zielgerichtetes Probieren 1.1, 1.2, 2.7, 2.12, 4.1, 4.2, 4.4, 5.2, 6.1, 6.2, 7.4, 11.2

Stichwortverzeichnis

© Springer-Verlag GmbH Deutschland, ein Teil von Springer Nature 2020
P. Jainta und L. Andrews, *Mathe ist noch viel mehr,*
https://doi.org/10.1007/978-3-662-60682-7

Printed in the United States
By Bookmasters